W0302842

Aux Éditions Alain Bargain

Dans la collection
ENQUÊTES ET SUSPENSE :

Firmin Le Bourhis
- La neige venait de l'Ouest *(épuisé)*
- Les Disparues de Quimperlé
- La Belle Scaëroise
- Étape à Plouay
- Lanterne rouge à Châteauneuf-du-Faou
- Coup de tabac à Morlaix
- Échec et tag à Clohars-Carnoët
- Peinture brûlante à Pontivy
- En Rade à Brest
- Drôle de chantier à Saint-Nazaire

Michèle Corfdir
- Le Crabe
- Mortel Hiver sur le Trieux
- Chasse à corps à Bréhat
- Larmes de fond ou le retour du crabe
- Vent contraire à Loguivy-de-la-Mer
- Herbes amères à Belle-Isle-en-Terre
- Il court, il court, le furet des Abers

Françoise Le Mer
- Colin-maillard à Ouessant
- La Lame du Tarot
- Le Faucheur du Menez-Hom
- L'Oiseau noir de Plogonnec
- Blues Bigouden *à l'Île-Chevalier*
- Les Santons de Granite rose
- Les Ombres de Morgat
- Le Mulon rouge de Guérande

Chaix d'Est-Ange
- La filière d'Arradon
- La petite dame de Locminé
- Ratissage dans le golfe
- L'Écluse de Malestroit
- Copie conforme à Larmor-Baden
- Les Truands de Saint-Goustan
- Coup de barre à Étel

Gisèle Guillo
- Dernier rendez-vous à Vannes
- Du Léman au Morbihan
- Tempête à Quiberon
- La Belle de Carnac
- Le Saigneur de Quimper

Solenn Colléter
- Lettres de sang sur la Côte Sauvage

Annie Le Coz
- Les Maudits de Kérogan
- Plumes sèches à Beg-Meil
- Quimper sonne les cloches
- "Caval" à Saint-Guénolé

Simone Ansquer
- Téviec, le Secret

Anne-Soizic Loirat
- Lorient l'interdite

Martine Le Pensec
- Onde de choc sur Fermanville
- Angoisse sur Penmarc'h
- Lumière noire sur la Penfeld

Jean-Pierre Bathany
- Camaret au Vitriol
- Double Je Nantais

Alex Nicol
- Mystères en Finistère
- Ça bombarde chez les Bigoudens

Philippe-Michel Dillies
- Meurtres à Monnaie
- Chasse à Tours
- Train d'enfer à Saint-Pierre-des-Corps
- Les roses noires de Chartres

Serge Le Gall
- La secte de l'Aven
  Sables mouvants à Bénodet
- La Douarneniste et le Commissaire
- Corps-mort à l'Île-de-Batz
- Traque noire à Audierne
- Fugue mortelle en RÉ

Christophe Chaplais
- Pâté de Corbeau aux amandes amères
- Le calisson jusqu'à la lie
- Farz aux herbes de Portsall
- Addition salée au Croisic
- Salade russe aux noix de Grenoble

Bernard Morin
- Trahison à Guerlédan

Patrick Bent
- Erquy profite le crime
- Le macchabée du Val-André
- Saint-Cast priez pour eux !

Aux Éditions Alain Bargain

Dans la collection
ENQUÊTES ET SUSPENSE :

Marie-Françoise Marchal
- Frissons en Morbihan *(épuisé)*

Jean-Jacques Gourvenec
- Chasse au congre à Lannilis
- Scénario macabre à Saint-Pabu

Jacques Caouder
- L'Occise des Landes
- L'Évadée de Brennilis
- Le Mort de Brest-Les Abers
- La Troménie noire
- Rumeurs mortelles à St-Renan

Patrice Rousseau
- Le faussaire de Pont-l'Abbé

Stéphane Jaffrézic
- Chili-Concarneau
- Ville bleue et beaux dégâts

Jean-Pierre Le Marc
- Matin rouge au Guilvinec
- Soirées noires à Penmarc'h
- Double vie à Loctudy
- Signes de sang à Lesconil

Cédric Labb
- Les Démons du Midi
- Les Muses de Savoie

Jérôme Lucereau
- Anévrisme
- Chef-d'œuvre meurtrier à Lorient
- L'affaire Callac *(épuisé)*

René Le Clech
- Baston chez les voileux

Jean-Luc Le Pache
- Bréhat-culpa *(épuisé)*

Philippe Lepeuple
- Samba ni loi en pays nantais
- Poulets de Brest *La mauvaise farce (épuisé)*

Bruno Ségalotti
- Filouteries en Côtes-d'Armor *(épuisé)*
- La Phalange de l'Argoat
- Breizh Connection *(épuisé)*

Yves Horeau
- Une retraite pas très spirituelle

Luc Calvez
- Le fils du Tigre
- Les Graffeurs du Ponant

Michel Renouard
- La Java des voyous
- Les castrats de Bombay
- Requiem sur le campus
- Le bouillon de minuit
- La farine du Diable
- La Vénus de Malifeu

Jean-Christophe Pinpin
- Qui voit Groix voit sa croix
- Qui voit Sein voit sa fin
- Qui voit Ouessant voit son sang
- Qui voit Belle-Ile voit son île *(épuisé)*
- Qui voit Molène voit sa peine
- Toulouse au bout du siècle
- Traque à Hoëdic *(épuisé)*

Aux Éditions Alain Bargain

Dans la collection ***POL'ART :***

Serge Le Gall
- Sombre dessein à Pont-Aven
- Meurtres du côté de chez Proust
- Eaux-fortes à Sainte-Marine

Loïc Gourvennec
- Le râle du basson

Yves Horeau
- Monsieur Butterfly

Renée Bonneau
- Nature morte à Giverny *(épuisé)*
- Séquence fatale à Dinard *(épuisé)*
- Sanguine sur la Butte

Stéphane Jaffrézic
- Toiles de fond à Concarneau

Drôle de chantier à St-Nazaire

Cet ouvrage de pure fiction n'a d'autre ambition que de distraire le lecteur. Les événements relatés ainsi que les propos, les sentiments et les comportements des divers protagonistes n'ont aucun lien, ni de près, ni de loin, avec la réalité, et ont été imaginés de toutes pièces pour les besoins de l'intrigue. Toute ressemblance avec des personnes ou des situations existant ou ayant existé serait pure coïncidence.

La loi du 11 mars 1957 n'autorisant, aux termes des alinéas 2 et 3 de l'Article 41, d'une part, que les *copies ou reproductions strictement réservées à l'usage privé du copiste et non destinées à une utilisation collective*, et, d'autre part, que les analyses et les courtes citations dans un but d'exemple et d'illustration, *toute représentation ou reproduction intégrale ou partielle, faite sans le consentement de l'auteur et de l'éditeur ou de leurs ayants-droit ou ayants-cause, est illicite* (alinéa 1er de l'Article 40).
Cette représentation ou reproduction, par quelque procédé que ce soit, constituerait donc une contrefaçon sanctionnée par les Articles 425 et suivants du Code Pénal. 2006 - © Quadri Signe - Éditions Alain Bargain

Firmin LE BOURHIS

Drôle de chantier à St-Nazaire

Collection

ENQUÊTES & SUSPENSE

Quadri Signe - Éditions Alain Bargain
125, Vieille Route de Rosporden - 29000 Quimper
E-mail : editions.alain.bargain@wanadoo.fr
Site Internet : perso.wanadoo.fr/editions.bargain

« Il faut une terrible passion pour tenir contre une humiliation qui n'en finit point. »

Denis Diderot - 1713-1784.

*« La vérité existe.
On n'invente que les mensonges. »*

Georges Braque - 1882-1963.

REMERCIEMENTS

- Pascal Vacher, officier de Police Judiciaire.
- L'Office de Tourisme, l'Hôtel de Police du 59, rue du Général de Gaulle et le Service des ressources documentaires de l'Hôtel de Ville de Saint-Nazaire.

Avec l'aimable autorisation des Chantiers de l'Atlantique.

I

Jeudi 12 janvier.

Phil et François s'efforçaient d'oublier la tragique enquête de Brest. Les fêtes de fin d'année en famille leur avaient fait le plus grand bien. Ils se sentaient, à nouveau, en pleine forme pour relever tous les défis du monde pour les douze mois à venir !

Pourtant, jusqu'à présent, les premiers jours ne leur avaient offert que de petites affaires sans grande importance.

L'après-midi était bien entamée. Phil enregistrait la déposition d'une brave dame tandis que François venait de raccompagner son dernier interlocuteur, lorsque le patron, le commissaire Yann Le Godarec, déboula dans leur bureau.

Sans le moindre ménagement, il s'adressa à François :

— François, tu es libre ? Phil en a-t-il encore pour longtemps ?

— Moi, je suis disponible et je crois que Phil a bientôt terminé, pourquoi ?

— Les pompiers ont été appelés pour sortir une voiture du port du Corniguel et il semblerait qu'il y ait quelqu'un dedans.

— Il semblerait ou c'est sûr ?

— C'est sûr et depuis un bout de temps en plus ! Alors, je souhaiterais que vous vous y rendiez aussi vite que possible.

— Pas de problème, je ramasse mes affaires et nous y allons dès que Phil sera prêt.

Dans le quart d'heure suivant, Phil conduisait la voiture banalisée, emportant François vers leur destination. Ils quittaient déjà la route de Pont-L'Abbé et s'engageaient sur le rond-point de Ludugris afin de remonter l'avenue Pierre Mendès-France et tourner aussitôt vers l'avenue du Corniguel. Ils traversèrent le quartier pavillonnaire, puis atteignirent la zone boisée de part et d'autre de la route laissant sur la droite le chemin menant au chenil de la SPA. Enfin, ils descendirent vers le port.

Juste après quelques bâtiments abandonnés, ils aperçurent, de chaque côté, les entrepôts et installations de l'entreprise de commercialisation et de conditionnement d'amendements et, en particulier, de maërl des Glénan. Ils passèrent devant un chantier naval et des locaux industriels avant de tourner sur la gauche entre d'immenses tas de sable, devant un autre chantier naval et les sablières.

Là, ils découvrirent des véhicules garés dans tous

les sens, camions de pompiers, grue, Zodiac, ambulances, le tout sans cesse balayé par les signaux des gyrophares, blancs, orange et bleus.

Un véhicule reposait sur le bord du quai le long de l'Odet, encore tout dégoulinant. Le toit avait été partiellement écrasé et toutes les vitres avaient disparu. Le chef des pompiers vint aussitôt vers eux.

— Comment avez-vous été prévenu ? lui demanda François.

— C'est le patron du sablier qui nous a signalé avoir touché quelque chose en venant le long du quai…

— Où se trouve-t-il ?

— Il est reparti sur Bénodet. Il n'a pas su ce qu'il a heurté. Mais il sera facile à contacter. Cependant, il ignore ce que nous avons découvert.

Ils reconnurent le médecin légiste Pascal Le Bon et vinrent le saluer, ainsi que les collègues de la police technique et scientifique qui arrivaient au même moment.

Deux pompiers, la mine défaite, conversaient près de la voiture dans laquelle un individu semblait avoir séjourné plusieurs jours dans l'eau du port. Sa ceinture de sécurité le maintenait côté passager. Il n'y avait personne au volant. Le Zodiac venait de redescendre sur l'eau et deux plongeurs continuaient les recherches afin de retrouver un éventuel chauffeur.

Vers l'Ouest, en cette fin de belle journée hivernale,

claire et fraîche, le ciel passait du bleu pâle au pourpre. Les derniers rayons du jour cernaient le haut des arbres de la colline dominant le port.

Il était plus de seize heures trente, la nuit serait là dans un peu plus d'une heure, même si les journées rallongeaient depuis quelques semaines.

— Vous n'avez touché à rien ? demanda le légiste aux pompiers.

— Non, répondirent-ils, offusqués qu'on leur pose une telle question.

De cet emplacement, en regardant la rivière, Phil et François évaluèrent la situation. Sur la droite, des tas de sable encombraient le quai. Sur la gauche, le quai remontait vers l'usine d'entreposage et de conditionnement d'amendements. Des centaines de sacs en plastique blanc, portant une inscription en bleu, attendaient d'être emportés. Le bord du quai à cet endroit comportait une butée en bois sur plusieurs dizaines de mètres pour éviter que des engins ou des chariots tombent à l'eau. Plus loin encore, des friches industrielles, barbouillées de tags, rappelaient à leur souvenir une précédente affaire.

Le chef des pompiers connaissait bien les lieux pour venir y pratiquer quelques exercices avec les plongeurs. Il estima que le véhicule en question avait dû venir tout droit de la rue située entre les tas de sable et presque en face du deuxième chantier naval. Il le considérait comme le meilleur endroit, car il offrait le plus de profondeur d'eau et restait le plus discret car ce lieu était principalement réservé aux usagers et, l'été, emprunté par de nombreux pêcheurs à la ligne.

— Ici, les camions vont et viennent sans arrêt toute la journée, il est donc impossible de remarquer la moindre trace particulière de pneus ou de freinage en rapport avec le véhicule incriminé, précisa-t-il.

— Oui, effectivement.

Ils s'approchèrent de la voiture. Les flashs des appareils photos donnaient une curieuse ambiance à cette scène macabre. L'individu, ou plutôt le macchabée, fut extrait de la voiture et déposé dans un sac spécial, aux fins des premiers examens. Le visage et les mains avaient souffert du séjour dans l'eau. L'homme paraissait méconnaissable en l'état. Le légiste, accroupi près du corps, l'examina un long moment sous toutes les coutures, comme il aurait étudié un insecte exotique dans la vitrine d'un musée, puis secoua la tête et se releva.

— À première vue, le décès remonte à une semaine environ, mais je vous en dirai plus après une étude approfondie…

— La noyade est-elle l'origine ou la cause du décès ?

— Trop tôt pour le préciser.

Les hommes de la police technique et scientifique s'activaient, fouillant méticuleusement le véhicule à la recherche d'indices. Phil remarqua que la Peugeot 307 SW break gris métallisé était récente et immatriculée dans le département soixante.

François commençait à inscrire ces informations quand le spécialiste sortit de la boîte à gants un dossier plastifié contenant les papiers de la voiture. Il s'agissait d'un véhicule de location, loué à Paris par un Polonais de la région de Gdansk, un certain Krzysztof Wieckiewicz.

S'agissait-il de lui ? Que faisait-il là ? Se trouvait-il seul dans la voiture ? Pourquoi occupait-il la place du passager ?

— Comment croyez-vous que ce soit arrivé ? demanda Phil.

— Difficile de savoir si la voiture roulait. Le chauffeur aurait-il eu un malaise ? La voiture a-t-elle été poussée à l'eau ? Comme cela s'est produit depuis plusieurs jours, nous ne pouvons vérifier certaines choses, notamment le positionnement par rapport au quai, aux courants… bref, plutôt énigmatique comme situation. Les clefs de contact se trouvent toujours en place, la voiture n'a pas été forcée et les fils n'ont pas été bricolés.

— Ce qui pourrait écarter la thèse du vol du véhicule sur un parking ?

— Peut-être, mais ceci n'exclut pas un *car-jacking* ou une faute d'inattention du chauffeur. Par exemple, le temps d'aller acheter un paquet de cigarettes, on laisse la voiture en marche et le tour est joué par un opportuniste à l'affût…

— Oui, c'est vrai, tout est possible.

— D'autre part, ici, ce n'est pas réellement un lieu de promenade. Nous pouvons tout imaginer. Les plongeurs ne semblent pas trouver trace du chauffeur. Alors ? Mystère !

— Et l'écrasement du toit ?

— Au vu des divers impacts et des différentes marques de peinture, plusieurs navires ont dû passer dessus en le heurtant au passage. Mais, avec toute cette vase au fond de l'eau, un sablier bien chargé n'aura rien ressenti. C'est une chance que l'un d'entre eux l'ait remarqué du fait du niveau très bas de l'eau dans l'après-midi, sinon, la voiture aurait pu y rester un certain temps encore…

Des reporters de journaux locaux arrivaient sur les lieux, s'informant de ce qui s'était produit.

— Pas de commentaires pour l'instant, firent les OPJ.

— Allons, Messieurs… se plaignirent les journalistes.

— Non, sincèrement désolés, mais nous ne pouvons vous donner que le strict minimum, tout le reste pour l'instant… c'est de l'inconnu… En rentrant, nous allons nous renseigner sur la voiture, le loueur et, demain, nous devrions pouvoir vous en dire un peu plus, voire vous solliciter pour appel à témoins.

Sans résultat, les plongeurs cessèrent leurs recherches. Les différentes équipes rangeaient leurs affaires. Pascal Le Bon, le médecin légiste, sans plus de cérémonie, s'en allait à son tour, leur promettant de faire au plus vite.

La voiture venait d'être tractée sur un plateau pour être enlevée des lieux.

Phil et François en profitèrent pour rendre visite aux personnels des entreprises installées sur le port. Le tour fut rapide. Personne, durant ces huit derniers jours, n'avait remarqué un tel véhicule ni un éventuel suspect, que ce soit dans les chantiers navals, la sablière ou la société d'amendements…

Ils regagnèrent leur véhicule. Les derniers pompiers, en charge du Zodiac, et les plongeurs terminaient de se changer. Quand le lieu fut à nouveau désert, Phil et François parcoururent une dernière fois le quai.

En hauteur, la colline boisée ressemblait à présent à une silhouette brune, telle une forteresse gigantesque, et l'Odet, à une plaque de verre noir, à un miroir où se reflétaient les ombres et les dernières nuées orange du ciel. La nuit était presque tombée. Ils quittèrent également le port du Corniguel et rejoignirent leur bureau.

Ils rendirent compte de la situation au patron afin qu'il en avise le procureur. De nombreux faits troublants apparaissaient. Suicide ? Meurtre ? Accident ?

Retenir telle ou telle hypothèse eût été précipité.

La location du véhicule à un Polonais de Gdansk leur fit penser au chantier naval de Concarneau qui employait, leur semblait-il, des professionnels venus de chantiers du nord de la Pologne. Ils appelèrent leur collègue, commandant fonctionnel du commissariat de Concarneau, afin de vérifier si l'état civil de ce Polonais était connu dans la construction navale. Celui-ci leur promit de s'en occuper dès le lendemain matin.

Ils interrogèrent ensuite les fichiers des disparitions et celui des voitures volées : rien n'y figurait. Puis, l'agence parisienne d'une enseigne nationale de location de voitures. La responsable étant partie à la fin de son service, personne ne put les renseigner. Phil leur posa une question concernant l'immatriculation :

— Tous vos véhicules sont immatriculés dans le soixante ?

— Oui, tous ! Question de fiscalité. Il y a quelques années, c'était dans le cinquante et un.

Phil et François demandèrent ensuite au binôme en tenue qui venait de prendre son service pour la nuit, de se renseigner dans le milieu des tagueurs. Certains d'entre eux étaient-ils venus au Corniguel ces jours derniers et avaient-ils remarqué quelque chose de particulier ? Les premières réponses ne seraient connues que le lendemain.

*

* *

Vendredi 13 janvier.

C'était le premier vendredi 13 de l'année… Phil et François se demandaient s'il allait leur porter chance dans cette enquête. Dès leur arrivée, Yann Le Godarec les rejoignit au distributeur de café. Le procureur leur confiait le dossier. Les pompiers venaient d'appeler. Une équipe de plongeurs allait prospecter le fond du port, une nouvelle fois, et procéder à une fouille le long de l'Odet en descendant vers Bénodet.

L'absence de chauffeur intriguait, mais peut-être avait-il réussi à sortir… Pourquoi n'avait-il pas donné l'alerte dans ce cas ?

Afin d'approfondir l'enquête de voisinage, le commissaire Yann Le Godarec désigna également une équipe en tenue qui se chargerait aussi de faire le point avec les pompiers qui se rendaient sur les lieux.

Le commandant du commissariat de Concarneau appela peu après… Le Polonais était parfaitement inconnu des dirigeants du chantier naval de la ville. La responsable de l'agence parisienne de location de voitures se souvenait d'avoir loué la Peugeot 307 SW break à un Polonais effectivement, nommé Krzysztof Wieckiewicz.

— C'est un habitué du reste, il vient deux ou trois fois par an pour une période de quelques semaines et, à ma connaissance, il se rend sur le chantier naval de Saint-Nazaire. Un type très bien, d'ailleurs. Il s'exprime difficilement en français, mais on le comprend parfaitement.

Elle donna la description de son client. Il paraissait impossible à Phil et François de déterminer si celle-ci pouvait correspondre à la victime. Seule, la taille semblait proche. Mais cette demande de renseignements émanant de la police l'intriguait, aussi se proposa-t-elle d'appeler sa collègue de l'agence de Saint-Nazaire, à toutes fins utiles.

Ils appelèrent leur ami Pascal Le Bon, le légiste. Celui-ci occupait également un poste de médecin généraliste, car la médecine légale, dans une ville comme Quimper, n'offrait qu'une activité insuffisante.

— Désolé les gars, mais je ne procéderai à l'autopsie de votre homme qu'en début d'après-midi, passez me voir dans la soirée…

Ils s'attaquaient à la rédaction des procès-verbaux au moment où la responsable de l'agence parisienne de location de voitures rappela :

— Excusez-moi, mais je viens d'avoir ma collègue de l'agence de Saint-Nazaire. Nous sommes face à une situation assez troublante.

— C'est-à-dire ?

— Mon client, donc le Polonais, est passé à l'agence de Saint-Nazaire justement hier pour signaler la perte de la voiture qu'il m'avait louée. Comme il craignait que ce soit simplement un de ses collaborateurs et compatriotes qui lui ait joué un tour, ou fait une blague, il a préféré nous avertir, par acquit de conscience, en demandant cependant d'attendre pour porter plainte…

— C'est pour le moins étonnant, non ?

— Oui, tout à fait… bizarre en tous les cas !

— Et vous êtes certaine que c'est bien votre client qui s'est présenté à l'agence ?

— Il semblerait… d'après la description.

— Il serait donc bien vivant !

— Oui, pourquoi ?

— Parce que nous avons repêché votre voiture au fond du port de Quimper avec, à bord, un passager qui aurait séjourné plusieurs jours au fond de l'eau…

— Oh ! Mon Dieu ! À Quimper ? Comment est-ce arrivé ?

— C'est ce que nous tentons de savoir.

En fin de soirée, Phil et François se rendirent au funérarium dont un endroit était réservé aux autopsies. Ceci avait toujours surpris Phil. La ville de Quimper n'était pas dotée d'un institut médico-légal digne de ce nom avec tout l'équipement et chambre froide, comme chacun pouvait se l'imaginer. D'ailleurs, il se souviendrait toujours d'une des premières réflexions de Pascal, lors de son arrivée et de sa première affaire.

Devant son air étonné, il lui avait dit :

— Nous ne sommes pas dans une série policière télévisée, ici, avec un légiste mis sur un piédestal. Vous savez… celui qui découvre le petit détail permettant de résoudre l'affaire ! avait-il ironisé. La réalité est plus cruelle et suit le cours des drames de la vie : un SDF, un drame de l'alcoolisme, une personne âgée isolée, décédée dans son appartement dans l'indifférence générale, un accident de la route et, quelquefois seulement, un décès suspect, une mort violente…

Il se rappelait aussi avoir détecté sur ses traits une authentique souffrance, après toutes ces années de médecine légale. Une stupéfaction aussi, mêlée d'incrédulité, comme s'il n'en revenait toujours pas d'avoir, une fois de plus, dû écarteler un être humain et le vider comme un lapin.

Pascal venait juste de terminer au moment de leur arrivée. Les civilités évacuées, sans perdre de temps, il débita son compte-rendu. Un de leurs collègues OPJ ainsi qu'un autre médecin avaient assisté à l'autopsie dans l'après-midi.

— L'homme doit avoir trente-cinq ans environ ; un mètre quatre-vingts, brun, yeux marron. Pas de signe particulier. Pas de bijoux… ni bague, ni alliance. Les poumons contenaient de l'eau…

— Est-il mort noyé dans sa voiture comme nous pouvions l'imaginer ? rajouta Phil.

— Je n'ai pas dit ça, même si nous pouvons le penser. Tous les viscères sont partis au labo aux fins d'analyses. Au vu des résultats, je pourrai vous en dire un peu plus… Il est important de connaître la composition du dernier repas, s'il y a alcool, drogue, médicaments, que sais-je encore ? Voici le compte-rendu avec tous les détails. Malgré l'écrasement du toit du véhicule, il n'y a pas de traces de blessures ni de choc important, même sur la tête. Le corps a dû se tasser sur lui-même au fond de l'habitacle tout en se maintenant au siège par sa ceinture.

— Est-ce que cet homme pouvait être handicapé ? Souffrant ?

— Handicapé ? Non. Pour le reste, les résultats des analyses nous permettront d'y voir plus clair.

— Des traces de perforation : coup de couteau ou arme à feu ?

— Non, rien de tout ça. Et vous, vous avez des infos sur ce Polonais ?

— Nous ne savons même pas si la victime est d'origine polonaise. Nous savons seulement que le locataire du véhicule n'est pas la personne découverte à l'intérieur et qu'elle se porterait bien.

— Eh bien, ce n'est pas très clair tout ça ! À mon avis, vous n'êtes pas sortis de l'auberge ! Au fait, avez-vous eu des nouvelles des recherches entreprises par les pompiers dans le port et sur l'Odet ?

— Oui, avant de venir. Celles-ci n'ont rien donné.

— Comme nous ne connaissons pas l'identité de la personne découverte dans la voiture, j'ai récupéré ses vêtements et les ai mis à sécher. Nous allons habiller un mannequin de son gabarit pour tenter de reconstituer le personnage et d'établir un portrait-robot.

— Pas de découvertes dans les poches ?

— Rien, pas de papier, pas d'argent, même pas de mouchoir ni de clefs ! Comme si on avait tout fait pour dissimuler son identité. Les vêtements, de facture classique, ne comportent aucun signe particulier non plus.

— Ça promet !

— Bon. Pas le moment de se laisser abattre, je vous offre un verre ?

Ils restèrent discuter quelques instants encore avec le légiste, plus pour se poser des questions, à haute voix, afin de tenter d'y voir un peu plus clair que pour prendre un pot. Les idées des uns et des autres pouvant faire évoluer les recherches. Le soir même, ils firent leur compte-rendu au patron qui appela le procureur. Au vu des éléments, ce dernier décida que Phil et François se rendraient à Saint-Nazaire pour interroger le Polonais et son environnement, après le week-end.

II

Lundi 16 janvier.

Les lumières grises de l'aube perçaient tout juste sur la ville de Quimper quand Phil et François s'engageaient sur la voie express les menant en Loire-Atlantique. Depuis le vendredi, ils n'avaient rien appris de nouveau sur l'affaire les concernant. Aussi, en chemin, parlèrent-ils surtout du week-end passé en famille. Évoquant cependant, lors de leur passage à hauteur de Quimperlé puis de Lorient, leurs enquêtes précédentes menées avec succès.

Tout en conduisant, Phil se sentait léger. Après plusieurs années passées en Bretagne, il se considérait désormais comme un Breton bon teint et, pour rien au monde, ni lui ni sa famille ne voudraient quitter cette région.

Pensif, François rajouta :

— C'est curieux, « on dit toujours jamais deux sans trois » ! Après Lorient et Brest, Saint-Nazaire est la troisième ville que nous allons découvrir et qui a aussi payé un lourd tribut à la dernière guerre mondiale :

villes rasées puis reconstruites durant les années cinquante et soixante.

— J'espère qu'elle sera à l'image de l'enquête de Lorient et non de celle de Brest ! surenchérit Phil, pensant toujours à l'issue de leurs enquêtes précédentes.

Ils s'accordèrent pour emprunter la route touristique en quittant la voie express à la Roche-Bernard afin de passer par Guérande et La Baule. François adorait cette région et regrettait de ne pas y venir assez souvent. Phil, quant à lui, la découvrait.

Quand ils dominèrent les marais salants à la sortie de Guérande, un soleil d'hiver, blanc et brillant dans un ciel lisse et bleu, les éblouit et ils restèrent admiratifs devant ce paysage si surprenant et si pittoresque.

À Saint-Nazaire, après avoir contourné l'étang du Bois-Joalland, ils se rendirent directement à l'Hôtel de police situé au 59, rue du Général de Gaulle.

— Vous verrez, le bâtiment fait l'angle d'une rue avec la rue d'Étables, sur votre droite en venant par le boulevard de l'hôpital et la rue Commandant Gâté, peu après le carrefour du boulevard Gambetta, leur avait dit le commissaire principal Duval, en charge de Saint-Nazaire-La Baule, qu'ils avaient eu au téléphone, sur la route, le matin même.

Ils y arrivèrent effectivement sans difficulté. Ils gravirent les quelques marches et franchirent les deux portes vitrées automatiques pour se retrouver à l'accueil où ils furent pris en charge immédiatement.

Le commissaire principal Duval les reçut aussitôt chaleureusement, heureux d'accueillir des collègues dans ses locaux. Il leur présenta rapidement son territoire d'action, allant de Saint-Nazaire à La Baule où un commissaire dirigeait également une unité. Puis il entra aussitôt dans le vif du sujet :

— J'ai réfléchi à ce que vous m'avez présenté sur votre affaire. Je pense que le mieux c'est que je vous adjoigne un de mes binômes. Ceci vous facilitera le travail et vous aidera d'autant que vous m'avez dit qu'un ressortissant étranger semblait être concerné. Il s'avère qu'ici, nous avons aussi la charge de la PAF*. Le manque d'effectif se fait cruellement sentir alors nous avons hérité de ce service…

— Malheureusement, c'est un peu partout pareil…

— Que cette affaire concerne les Chantiers me gêne. J'imagine que vous n'êtes pas sans savoir que le groupe Alstom a cédé soixante-quinze pour cent de ses actions des chantiers navals de Saint-Nazaire et de Lorient au norvégien Aker Yards…

— Oui, nous l'avons lu dans la presse.

— Nous craignons à présent quelques tensions de ce côté. Les syndicats doivent être sur les dents et,

*Police de l'Air et des Frontières.

sans doute, une partie du personnel est-il inquiet. Ce n'est pas le moment d'en rajouter...

— Nous le comprenons parfaitement. Néanmoins, doivent-ils l'être au vu des commandes historiques enregistrées ces derniers temps ?

— On ne sait jamais... Enfin, nous verrons, soupira-t-il. Il se leva d'un bond de son siège. Je vais vous présenter aux deux lieutenants avec lesquels vous pourrez travailler. Ils sont excellents dans leurs fonctions, vous verrez... Ils ont sous leur responsabilité le bureau de police de proximité situé tout près des Chantiers de l'Atlantique, ce qui simplifiera les choses.

Le commissaire principal les invita à le suivre dans les couloirs, d'un pas énergique, jusqu'au bureau des deux lieutenants.

Surprise : pour une fois, il s'agissait d'un homme et d'une femme.

La jeune femme se présenta la première : « lieutenant Valérie Halgand ». Des yeux bleus, profonds et pétillants d'intelligence. Des yeux de professionnelle avertie. Ses cheveux châtains lui descendaient sur les épaules en de discrètes ondulations. De taille moyenne, elle devait avoir trente à trente-cinq ans. Seuls signes particuliers : quelques rides de sourire au coin des yeux et un tic qui consistait à chasser de la main une mèche de cheveux glissant régulièrement le long de son charmant visage.

Le jeune homme se présenta à son tour : « lieutenant Stéphane Lemétayer ». Même âge que sa collègue, un mètre quatre-vingts, mince, cheveux blonds coupés très court lui donnant un air sévère malgré la douceur de son regard.

Les présentations terminées, le commissaire principal précisa :

— Voici une de mes meilleures équipes, deux OPJ sortis frais émoulus de Cannes-Écluses*. Je suis sûr que vous allez bien vous entendre et réaliser du bon travail…

Le commissaire regarda avec ostentation sa montre et prit aussitôt congé sans autre forme de procès, tournant les talons pour filer dans le couloir en direction de son bureau.

— Toujours aussi *speed*, votre patron ? demanda Phil afin de rompre le silence qui s'installait après ce départ brutal.

— Toujours ! lui répondit Valérie.

Quand son regard croisa celui de Phil, quelque chose dans ses prunelles, une sorte de malice d'écolière mâtinée de timidité, le fit rire. Il la trouvait vive. « Juste un brin trop crispée sur les bords, peut-être », se dit-il.

Elle proposa de se rendre au distributeur pour prendre un café et faire connaissance avant de les installer

*L'école nationale des Officiers de Police.

dans un coin du bureau disponible, en l'absence du collègue en vacances. La pièce était égayée par des reproductions colorées de voiliers évoluant en mer.

Dans la demi-heure suivante, les deux nouveaux collègues furent informés de ce qui amenait Phil et François et de la situation. Dans l'immédiat, ils décidèrent que le plus simple était que Valérie se joigne à eux pour se rendre aux Chantiers de l'Atlantique afin de rencontrer le fameux Polonais. Stéphane pourrait, quant à lui, rester au bureau et continuer à traiter les affaires courantes.

Valérie prit le volant de la voiture banalisée et proposa, question de faire découvrir le front de mer à ses hôtes, de rejoindre le boulevard Albert Ier. Un des beaux quartiers de la ville face à la plage. Ils profitaient d'une très belle matinée avec un soleil pâle mais brillant et une agréable brise soufflant de la mer.

Elle fit un petit commentaire en passant devant le mémorial américain entouré d'eau à marée haute. Quelques personnes âgées, bien couvertes malgré le soleil, marchaient d'un pas lent sur l'esplanade, au pied des arbres dénudés.

En prolongement, le boulevard Wilson avec, en contrebas, la plage de Saint-Nazaire bordée d'une digue harnachée de sa multitude de mâts penchés au-dessus de l'eau dans l'attente des pêcheurs et de leurs carrelets… Côté constructions, beaucoup de résidences cossues. L'ensemble se présentait comme un patchwork curieux d'architecture et de couleurs. Puis le port s'offrit à leur regard avec ses petits bateaux de pêche et ses ponts automatiques permettant le passage au Bassin de Saint-Nazaire. Valérie, tout en commentant le paysage, reprit le boulevard de la Légion d'Honneur pour passer devant la base sous-marine, cette immense construction tout en béton abritant dorénavant des expositions, l'Office de Tourisme et l'Escal'Atlantic…

— Tout un parcours de découverte, précisa-t-elle. C'est fermé en janvier, mais si vous revenez en février et si vous avez un peu de temps, je vous invite à découvrir les quatre pôles qui sont vraiment très intéressants. Vous irez ainsi de l'univers des grands paquebots, au voyage au cœur des profondeurs en visitant le sous-marin Espadon, à la naissance des géants des Chantiers de l'Atlantique et au défi de l'aéronautique avec Airbus…

— Tout un programme de réjouissances, en effet !

— Voilà, nous arrivons au bassin de Penhoët. Nous apercevons déjà, dans la perspective, les grandes grues, à l'enseigne Alstom, des Chantiers de l'Atlantique et même le haut du magnifique pont qui enjambe la Loire. Airbus, c'est juste après, en suivant le boulevard que nous venons de quitter. Il n'y a qu'une entrée pour l'accueil des visiteurs. Un badge nous sera remis contre notre pièce d'identité.

Après avoir satisfait aux démarches administratives

à l'accueil, un jeune homme vint les chercher pour les conduire au local où il avait été demandé à Krzysztof Wieckiewicz de se présenter.

Ils entrèrent dans une baraque préfabriquée, posée sur le quai, qui servait de bureau. L'homme les attendait, accompagné d'un autre homme. Ce dernier se présenta immédiatement :

— Je suis interprète et collègue de Krzysztof. Monsieur Wieckiewicz comprend et parle le français mais, en cas de difficulté, je suis là pour l'assister.

— Très bien.

L'interprète s'empressa de chercher quelques chaises dans le bureau voisin et tout le monde put s'asseoir autour d'une table. François prit la parole tandis que Phil installait son portable.

— Monsieur Wieckiewicz, quel est votre rôle ici, sur le chantier ?

— Je suis responsable d'une importante équipe polonaise d'une société européenne. Nous travaillons sous coordination de la direction des Chantiers et notamment du maître d'ouvrage du navire que nous réalisons en ce moment.

— Vous êtes sous-traitant, en quelque sorte…

— Ce n'est pas le terme approprié, nous sommes co-réalisateurs, en réalité. Moi, j'ai en charge mes compatriotes. Des collègues ont en charge d'autres travailleurs étrangers de différentes nationalités… Il y a aussi et, surtout, de nombreuses entreprises co-réalisatrices françaises employant des travailleurs français…

— Avez-vous loué un véhicule, Peugeot 307, auprès d'une agence de location parisienne et dont voici les papiers, en mauvais état certes après ce qu'ils viennent de subir, mais encore lisibles ?

— Oui. Je procède toujours de la même manière. En arrivant à l'aéroport de Paris, je loue une voiture pour toute la durée de mon séjour. Je partage mon temps entre le chantier de Gdansk et celui-ci où je viens deux à trois fois par an.

— Pouvons-nous voir ce véhicule ?

L'homme prit un air consterné et son visage se tourna vers son interprète, implorant son aide. Il faisait de son mieux pour afficher une authentique sincérité. Mais François ressentit dans son attitude comme une légère forme de mépris. Visiblement, il ignorait ce qui se passait et ce qu'il devait dire. Il se posait plus de questions qu'il ne pouvait trouver de réponses. L'interprète prit aussitôt le relais. Il s'exprimait d'une voix posée, un rien condescendante, genre maître d'hôtel dans un grand restaurant, tout au moins dans un premier temps car, rapidement, il changea au fil de la discussion.

— Mon collègue est navré. Il m'a expliqué que sa voiture a disparu depuis plus d'une huitaine de jours.

— Quand précisément ?

— Vendredi soir, il y a un peu plus d'une semaine.

— C'est-à-dire le 6 janvier ?

— Exact.

— Dans quelles circonstances ?

— Un pot avait été organisé tout près des Chantiers, pour la nouvelle année. L'occasion de rassembler tous les électriciens et câbleurs : permanents, intérimaires et co-réalisateurs. Ici, il n'y a pas de rencontre entre corporations. Il arrive qu'à la fin d'un chantier, le maître d'ouvrage décide de faire un grand pot mais ce n'est pas automatique et de moins en moins fréquent. D'autre part, au vu de la taille des Chantiers, il est pratiquement impossible de réunir tous les corps de métiers en même temps. De plus, nous n'avons pas le droit de faire venir de l'alcool dans l'enceinte des Chantiers et, pour réserver un self, il faut s'y prendre longtemps à l'avance. Comme cela a été préparé de façon impromptue, entre nous les électriciens, surtout après l'annonce de la cession d'actions par Alstom au norvégien Aker Yards…

— Oui, et alors ?

— Ceci nous a obligés à l'organiser à l'extérieur de l'enceinte des Chantiers, dans une ancienne salle des fêtes, juste à côté. Nous disposons d'un parking privé également pour garer les voitures, c'est très pratique…

— En quoi consistait cette soirée ? demanda brutalement François, se souciant peu des commentaires que souhaitait apporter l'interlocuteur.

— C'était un apéritif dînatoire permettant à toute la corporation de mieux se connaître.

— À quelle heure s'est-il aperçu de la disparition de sa voiture ?

— Vers vingt-deux heures, au moment de quitter les lieux.

— Qu'a-t-il fait quand il s'en est rendu compte ?

— Il m'a expliqué avoir pensé que c'était peut-être un de ses collègues polonais qui l'avait empruntée, soit pour lui faire une blague soit pour effectuer une virée… Impossible à savoir ou à vérifier. Que le véhicule disparaisse à cet endroit, pour lui, ce ne pouvait être que l'œuvre de quelqu'un du chantier. Dans cet espace privé et sur ce parking réservé de la salle, il avait laissé les clefs sur le contact. Cela a été très facile de partir avec…

— Et pourquoi ne pas aller porter plainte ?

— Pour ne pas porter préjudice à un collègue ou à un de ses compatriotes. Nous avons dans nos rangs quelques fêtards invétérés et évitons de faire du ramdam à chaque dérapage. Si un de ses compatriotes est pris sur le fait d'un incident de ce genre, c'est la perte de l'emploi et le retour au pays par ses propres moyens… Comme ce genre d'incident s'est déjà produit quelquefois et qu'à chaque fois, tout s'est toujours bien terminé, il a préféré attendre que le week-end passe et, dès le lundi, il a interrogé tous ses gars. Mais, comme certains ne sont pas venus travailler, pour raison de santé ou autre, il n'a pu faire le tour de tout le monde que le mercredi et se rendre à l'évidence : sa voiture avait bien été volée.

— Est-ce qu'il est allé porté plainte à ce moment-là ?

— Ben… non. Il s'est seulement rendu à l'agence de location de la même enseigne pour le signaler, en s'accordant encore quelques jours avant de déposer plainte, car il ne pouvait toujours pas croire qu'on la lui ait volée.

— C'est très embêtant. Car nous avons retrouvé cette voiture, mais dans le Finistère, au fond d'un port, avec, à l'intérieur, un type qui y avait séjourné, semble-t-il, une huitaine de jours environ. Ce qui tendrait à laisser penser que la voiture aurait pris cette direction dès le vendredi soir… Est-ce que quelqu'un a disparu des effectifs sans laisser de trace ?

L'interprète expliqua en polonais très rapidement les dires de l'OPJ. Le visage de Krzysztof Wieckiewicz se figea. On aurait dit qu'on l'avait débranché. Parmi toutes les sortes d'émotions qui se bousculaient en lui, la dominante affichait le désespoir. Il devait se dire qu'il vivait un affreux cauchemar, que ce n'était pas possible. Sa vie semblait prise entre le marteau et l'enclume… Ses mains tremblaient. La sueur ruisselait sur son visage alors que l'air était frais dans le bureau. Au même moment, le sourire de François flottait quelque part entre l'affectation et le sarcasme. L'homme secoua négativement la tête avant de répondre à la question d'une disparition éventuelle par la négative. Puis il s'agita sur sa chaise avant de s'adresser à François :

— Ça vous dérange si je fume ? demanda-t-il.

— Oui, répondit François en parcourant du regard l'exiguïté de la pièce, le nombre de personnes, la présence féminine, tout en sachant que Phil n'apprécierait guère non plus. Puis, pour adoucir sa réponse et ne pas le braquer d'emblée, il ajouta : désolé !

Il avait néanmoins sorti un paquet de cigarettes et en manipulait une fébrilement entre ses doigts.

— Vous êtes plutôt du genre direct. Vous êtes tous ainsi dans la police en France ? demanda-t-il.

Ce petit échange eut le mérite de détendre un peu l'atmosphère. François enchaîna en lui demandant son passeport et son emploi du temps, depuis le vendredi 6 janvier. Phil l'enregistra scrupuleusement. Il lui commanda de fournir la liste de son personnel en précisant bien le nom des absents lors de cette soirée et s'il se souvenait de la présence de certains collègues au moment où il avait constaté la disparition de sa voiture. Tous ces éléments seraient à remettre pour le lendemain au lieutenant Valérie Halgand qui sortit, au même instant, sa carte de visite. Et si, dans l'intervalle, il lui revenait un élément, un détail, il était prié de le faire savoir également au lieutenant. Celle-ci se tenait droite sur son siège, attentive et prudente.

— Comment se passe le travail avec les collègues ? demanda François.

— Lesquels ? Ceux de mes équipes ou les autres ?

— Disons, en général…

— Je ne sais pas si vous le savez mais, nous, les étrangers, nous formons une communauté. Puis il y a les permanents, les salariés attitrés des Chantiers et, entre les deux, les intérimaires dont le sort n'est guère plus enviable que le nôtre… Nous sommes là pour travailler quand on a besoin de nous et les premiers balancés quand la charge diminue ou entre deux commandes… Je passe sur les écarts de salaires et l'annonce du changement d'actionnaire.

— Et cela ne crée pas de tension entre vous ?

— Parfois, si… mais ça ne dure pas, tout le monde a besoin de tout le monde. Pour chacun, le salaire ou le revenu est indispensable pour vivre, alors…

— Bien sûr.

— Possédez-vous un portable ?

— Oui, le voici.

— Pouvez-vous nous communiquer votre numéro ?

— Oui… Bien entendu, tenez, je me suis fait une petite carte, sur mon ordinateur, avec, également, le numéro de téléphone de ma chambre.

— Ce sont toujours les mêmes lorsque vous venez ?

— Oui. Toujours, ce sont des chambres-bureaux réservées à l'année par ma société.

Les échanges suivants n'apportèrent rien de particulier pour l'enquête. Ils parlèrent un peu de la Pologne et de sa vie écartelée entre la mer Baltique et l'Océan Atlantique. Il ne se plaignait pas, bien au contraire, et affirmait son bonheur d'occuper ce poste.

Puis le trio reprit la direction de l'Hôtel de police. En chemin, il n'était plus question de visiter la ville. La voiture roulait dans les larges avenues bordées de restos-rapides, magasins de toutes sortes et de quelques bars, à l'image de ces villes reconstruites.

Chacun restait concentré sur l'entretien qu'il venait d'avoir. Aucune discussion ne portait sur autre chose…

— Et si c'était une mort pour une autre ? demanda Valérie.

— C'est-à-dire ?

— Je n'sais pas, disons un montage pour dissimuler une autre situation assez éloignée des apparences ?

— Peut-être. En tous les cas, dérober la voiture de ce Polonais ne me semble pas anodin. Je crois qu'il va falloir fouiller autour de ce type et de cette communauté… Mais, en ce moment, créer des turbulences dans cette immense fourmilière que sont les Chantiers ne me laisse rien présager de bon…

Au bureau, ils exposèrent rapidement la situation pour Stéphane et décidèrent qu'il devait vérifier les emplois du temps des salariés portés sur la liste que fournirait le Polonais dès le lendemain. Valérie proposa de rencontrer ensuite la DRH* des Chantiers afin qu'elle lui explique comment s'organisait le travail, qu'elle valide la liste du Polonais et qu'elle puisse également rencontrer le responsable des permanents et celui des intérimaires proches de l'équipe des Polonais.

Stéphane contacterait le LATS** pour éplucher les appels du Polonais et fouiller un peu plus autour de lui en demandant de suivre l'itinéraire emprunté par cet homme à partir de son portable si, toutefois, il ne l'avait pas coupé durant la soirée du 6 janvier ni le lendemain. En effet, tant qu'il restait en veille, ses déplacements pouvaient être suivis à la trace, sur une carte, grâce au GPS, à quelques dizaines de mètres près.

Valérie et Stéphane manifestaient un excès d'énergie. François, en les regardant agir, retrouvait en eux un peu du jeune homme qu'il avait été autrefois... animé d'une passion obsessionnelle pour son métier.

Au même moment, à Quimper, le légiste, Pascal Le Bon, s'apprêtait à joindre François. Il exultait, tel celui qui vient de faire une découverte capitale qui fera progresser l'enquête. Les informations en sa

*Direction des Ressources Humaines.
**Laboratoire d'Analyse et de Traitement des Signaux.

possession lui permettaient d'être le premier au fait : il détenait les causes du décès, comme cela avait été le cas également quelques mois auparavant, dans une précédente affaire.

Dans ces moments-là, comme à chaque fois, il cessait de honnir cette activité de médecine légale en oubliant, pour un temps, la chair meurtrie et toute cette brutalité, à l'opposé de la vie.

Heureusement, pour les moments de déprime, la pêche en mer lui permettait de faire le vide... Il trouvait parfois si affligeant de recevoir, lors des consultations à son cabinet, des patients qui venaient se plaindre exagérément de quelque bobo ou toux irritante et quémander un arrêt de travail...

Mais il savait rester lucide et conscient de son rôle aux côtés des OPJ, que ce soit de police ou de gendarmerie, contribuant, pour chaque crime, à démonter la technique ou la supercherie de l'agresseur. Rien de tel qu'un bon résultat pour retrouver le moral si, toutefois, il se trouvait en perdition et, cette fois encore, c'était le cas lorsqu'il appela François sur son portable :

— François ? J'ai du nouveau !

— Tu tombes bien. Je mets le haut-parleur pour Phil et nos deux collègues de Saint-Nazaire. Alors ?

— Côté viscères, je peux te dire ce qu'il a mangé et bu en dernier : apéritif, petits fours, bière... Tu veux le détail ?

— Oui. Ce sera important. Cela tendrait à prouver qu'il participait à la soirée et donc qu'il fait vraisemblablement partie de l'effectif des Chantiers.

Valérie prit note des indications de Pascal et s'engagea à vérifier que les différents produits correspondaient bien à ceux servis le vendredi soir 6 janvier.

Mais ceci ne semblait pas être l'élément le plus important détenu par Pascal dont chacun percevait bien l'excitation.

— Si tu en venais aux faits déterminants, demanda François.

— Attends ! J'y arrive. Premier point troublant, une dose importante de somnifère après le repas et… et… devinez ?

— Alors, vas-y !

— Mort par noyade !

Dans un premier temps, cette information fit l'effet d'un pétard mouillé, décevant chaque interlocuteur à l'écoute.

— Excuse-nous, Pascal, mais ceci n'a rien d'un scoop ! Il me semble que c'est ce à quoi nous avions déjà pensé, non ?

— Justement, pas du tout !

— Comment ça, pas du tout ?

— Parce qu'il n'y a pas une goutte d'eau de l'Odet dans ses poumons ! Que de l'eau minérale versée dans sa bouche à l'aide d'un bec verseur ou, peut-être, directement à la bouteille durant sa narcose. C'est seulement après cela que le type a été mis dans la voiture et acheminé dans l'Odet !

— Alors là, Pascal, bravo ! Nous voilà, cette fois, de façon certaine, face à un meurtre. De ce fait, je pense qu'il devient, dès lors, peu probable que nous retrouvions le chauffeur dérivant dans l'Odet, vers Bénodet, par exemple !

— C'est aussi mon avis.

— Reste à découvrir qui est notre quidam, s'interrogea François à voix haute.

— Bien sûr… J'ai fait venir les spécialistes. Ils ont reconstitué sur écran, d'après sa morphologie et ses mensurations, le personnage tel qu'il devait être avant de séjourner dans le port. Nous avons habillé un mannequin de ses vêtements. Demain matin, nous devrions obtenir une photo reconstituée du visage et de son apparence générale, très proche de la réalité. Il suffira de diffuser un appel à témoins sur Quimper et les environs et même chose sur Saint-Nazaire.

— Super, c'est du très bon boulot ! Nous reprenons la route cet après-midi. Nous nous verrons demain matin au bureau du patron…

En raccrochant, François précisa à l'attention de ses trois collègues :

— Je suis convaincu qu'il a soulevé là un sacré lièvre.

Il paraissait subitement détendu. Grave, mais détendu. De toute évidence, il baignait dans son élément.

Bien entendu, pour tous les quatre, ces dernières informations ne se présentaient que comme une mise en bouche, à la même manière d'un apéritif avant le dîner. Elles constituaient, à la fois, un piège et un tremplin. Un piège, car elles risquaient d'enfermer celui qui s'y cantonnait dans un monde illusoire de probabilités. Un tremplin, car elles stimulaient l'imagination, ouvrant les portes à d'infinies hypothèses, vertige enivrant…

Ils déjeunèrent tous les quatre dans un restaurant donnant sur le boulevard Albert Ier, face à la mer. Derrière les grandes baies vitrées, ils ressentaient les rayons du soleil, particulièrement agréables en cette saison. Ils se montraient tous excités par cette affaire, et on le serait à moins. Mais, pour l'heure, des détails d'ordre plus pragmatique manquaient et allaient devenir, rapidement, indispensables pour faire évoluer l'enquête. Afin de mieux faire connaissance, François demanda aux deux collègues s'ils étaient originaires de Saint-Nazaire. Valérie fut la première à répondre, son sourire malicieux éclairant ses yeux bleu ciel et affichant une sérénité à toute épreuve :

— Non. Pour ma part, je suis briéronne…

— Brié… quoi ? demanda aussitôt Phil, ne situant pas l'expression.

— La Brière ! Vous ne connaissez pas ? répondit-elle, laissant Phil dans l'embarras et permettant à François et à Stéphane d'échanger un large sourire et de prendre l'air entendu de ceux "qui savent" face à celui "qui ne sait pas".

Valérie se lança alors, à l'attention de Phil, dans une explication détaillée sur le Parc naturel régional de Brière, créé en 1970 par décret ministériel, un des plus anciens de France, mais l'un des plus petits et des plus denses au niveau de la population. Elle poursuivit en valorisant la beauté de ses paysages, visiblement constamment imprégnée des images de son enfance en Brière. Un lieu d'exception pour sa faune et sa flore et l'ancien site d'un intense commerce de la tourbe.

— D'ailleurs, je suis née près du village de Kerhinet sur la commune de Saint-Lyphard, un des "hauts lieux" de Brière ! Vraiment, vous ne connaissez pas ?

— Désolé ! répondit piteusement Phil.

— Mais, Valérie ne t'a pas dit le plus intéressant, coupa Stéphane, réalisant qu'il venait de tutoyer Phil. Oui, je crois que nous pouvons nous tutoyer entre collègues appelés à travailler sur la même affaire, non ?

— Bien sûr ! répondit Phil.

— Je te disais donc qu'elle a oublié le plus important.

Le sourire affiché par Stéphane en disait long sur ce qu'il réservait à son interlocuteur.

— La réputation des Briérons et donc des Briéronnes, c'est d'avoir un sacré caractère ! Et ce n'est pas une légende, j'peux te le garantir !

— Pire que les Bretons ? s'enquit Phil en éclatant de rire.

Mais il y avait dans cette pique du respect mais peut-être une pointe de moquerie et aussi d'allégeance, songea Phil en observant Stéphane.

Valérie se contenta de sourire avec, dans les yeux, cette même lueur de malice qu'elle avait eue un peu plus tôt.

Le repas se poursuivit, très détendu, et chacun apporta sa part d'expérience et de vécu. Stéphane leur apprit qu'il était originaire de Rennes et résidait à Saint-Nazaire depuis son affectation à l'Hôtel de police, c'est-à-dire trois ans.

Phil et François reprirent la route immédiatement après le déjeuner, filant directement cette fois par les grands axes.

En sortant de Saint-Nazaire ils aperçurent très nettement le magnifique pont enjambant la Loire vers Saint-Brévin qui remplace l'ancien bac de Mindin… Un magnifique ouvrage à haubans d'une longueur de plus de trois kilomètres dont le tablier est maintenu par des câbles galvanisés, ancrés au sommet de deux pylônes dressés à plus de soixante mètres au-dessus du niveau de la chaussée…

Ils roulaient sous un ciel bleu layette dans lequel flottait un soleil blanc. Ils dépassèrent les zones commerciales de Trignac. Même ici, les centres d'activités commerciales prédominaient… avec les mêmes enseignes que partout ailleurs. La monotonie dans l'unité…

Puis ils aperçurent, peu après, les grandes installations pétrolières de Montoir-de-Bretagne et, plus loin, celles de Donges, sur leur droite, avant de prendre la direction de Pontchâteau et de rejoindre la voie express vers Quimper.

III

Mardi 17 janvier.

Phil et François eurent juste le temps de rendre compte de la situation au patron quand le légiste, Pascal Le Bon, se présenta.

— Et voilà le travail, messieurs ! dit-il en jetant sur le bureau les photos éditées à partir d'un ordinateur et présentant l'homme découvert dans la voiture.

— C'est du bon boulot ! précisa aussitôt Yann Le Godarec en les examinant. Il n'y a plus qu'à avertir le procureur et convoquer les médias.

Les clichés montraient un homme athlétique, grand, mince, au regard de velours sombre. Il restait à espérer que ces travaux informatiques soient très proches de la réalité et qu'ils permettent de reconnaître l'individu afin qu'il puisse être identifié à Quimper ou à Saint-Nazaire, ce qui simplifierait la tâche.

Ils faxèrent la photo à leurs deux collègues de Loire-Atlantique. Dès réception, Valérie les appela. Elle attendait toujours la liste du Polonais mais, depuis, elle avait effectué d'autres investigations dans les archives de l'Hôtel de police. Dans les procès-verbaux de cette dernière année et la main courante, elle avait recherché toute altercation ayant pu avoir eu lieu entre des hommes travaillant aux Chantiers : soit entre eux, soit avec d'autres personnes de l'extérieur. Il lui semblait, bien qu'elle n'en ait pas eu la charge, qu'une affaire se soit déclarée quelques mois plus tôt dans un bar dans le quartier chaud de Penhoët mais, après vérification, il s'agissait en l'occurrence du quartier de la gare. Pour l'instant, elle fouillait…

— L'intuition féminine, il n'y a rien de tel ! lui glissa François avec ses encouragements.

Durant la matinée, l'opération de communication était lancée et devait paraître dès le lendemain. La police technique et scientifique remit son rapport. Après examen approfondi, l'horloge et l'ordinateur de bord révélaient que le véhicule avait cessé de fonctionner définitivement le samedi 7 janvier, à zéro heure quarante et une. Le moteur tournait au moment d'entrer dans l'eau et la deuxième vitesse était enclenchée. La voiture roulait à faible allure, aux environs de dix kilomètres à l'heure au maximum, ce qui laissait toute possibilité au chauffeur de quitter l'habitacle sans difficulté et sans risque physique. « Pour le reste, le séjour aquatique nous prive de bien des traces », concluait le rapport.

Dès lors, une foule de questions se posait. Tout d'abord, celle du complice du chauffeur : un troisième personnage attendait-il avec un autre véhicule pour quitter les lieux ? Pourquoi le port du Corniguel, alors qu'ils venaient de Saint-Nazaire ? Il eut été aussi simple de pratiquer de la même manière à Saint-Nazaire, dans un des ports du bord de Loire ou de la côte atlantique. Était-ce l'action d'une seule personne ou d'une organisation ? Laquelle ? Dans quel but ?

Par ailleurs, Phil s'efforçait à présent de définir la chronologie des événements. Sous réserve de vérification du rapprochement entre les produits ingurgités par l'individu et ceux servis au buffet dînatoire du chantier, tout laissait à penser que l'homme se trouvait sur le site avant vingt-deux heures. Ensuite, à zéro heure quarante et une, il glissait dans les eaux froides du port. Il était possible de considérer un délai de route de deux heures en respectant les vitesses autorisées. Soit un départ de Saint-Nazaire vers vingt-deux heures quarante…

— Justement, en pensant aux vitesses autorisées, dit-il à l'attention de François, je vais interroger les fichiers des PV enregistrés pour excès de vitesse cette nuit-là sur la route qui relie les deux villes. On ne sait jamais ! Le chauffeur s'est peut-être fait flasher dans sa voiture. Parfois, dans la panique et la précipitation, on ne surveille plus son compteur… En tous les cas, ceci nous aiderait grandement !

— On peut toujours rêver !

Phil émit l'hypothèse d'un départ de Saint-Nazaire

le vendredi soir. Que s'était-il passé entre vingt-deux heures et zéro heure quarante et une ? Et à quel endroit ?

François, pour s'opposer volontairement à cette version, émit au contraire l'idée d'un départ bien avant vingt-deux heures.

En effet, le vol avait été constaté à cette heure, ce qui laissait supposer qu'il avait été perpétré avant. Mais à quelle heure ?

— Exact, reprit Phil.

— Je reprends donc… Ils partent tranquillement de Saint-Nazaire, en direction de Quimper et, là, pour des raisons inconnues, le voyage se passe mal… Meurtre. Mais, celui-ci a-t-il été commis au départ, à une étape de leur voyage ou à la destination finale ? Supposons que ce soit à l'arrivée. Dans ce cas, le chauffeur pourrait être de Quimper. Il serait passé aux actes et se serait caché ensuite… Pire, il pourrait très bien ne pas être concerné du tout par une activité aux Chantiers de l'Atlantique ! Il pouvait tout simplement connaître sa victime et être venu la rejoindre à sa demande. En l'attendant, il aurait remarqué les clefs sur le contact, il aurait volé…

— Arrête François ! Si ton hypothèse est la bonne, nous ne sommes pas dans la merde !

— Je sais. Mais nous devons tout envisager…

Une fiche de synthèse de l'ensemble des questions put être établie et adressée à Valérie et Stéphane.

*

* *

Mercredi 18 janvier.

Les journaux avaient joué le jeu. Une photo représentait le visage et une autre, l'homme en pied afin de présenter son allure générale. Les radios locales reprenaient les articles de presse. L'antenne régionale de France 3 devait aussi communiquer l'information au journal de la mi-journée et le soir. Les commentaires devaient se limiter à signaler la disparition sans évoquer la fin tragique.

En cours de journée, les appels arrivèrent de toutes parts à l'Hôtel de police de Saint-Nazaire et de Quimper.

Un tri s'imposait : retenir en priorité les appels les plus crédibles et rencontrer les personnes susceptibles d'apporter les meilleurs renseignements. Les rendez-vous furent programmés à partir du lendemain afin de prendre un peu de recul sur la masse d'informations qui se déversait.

Vers midi, Phil et François appelèrent Valérie et Stéphane. Chaque ville avait recueilli à peu près le même nombre d'appels et, chose curieuse, à Saint-Nazaire, l'homme reconnu était considéré comme habitant cette ville et, bien entendu, même affirmation à Quimper ! Il devenait intéressant de confronter, dès que possible, les renseignements. Notre homme avait-il un don d'ubiquité ?

Outre la centralisation des appels, Valérie avait bien avancé sur son idée. Elle avait relevé trois affaires pour lesquelles des personnels des Chantiers, uniquement des étrangers et des intérimaires, avaient été impliqués dans différentes échauffourées du côté de la gare durant ces douze derniers mois. En les parcourant plus précisément, elle s'aperçut que l'une concernait des jeunes du village de Beauregard, l'autre, un groupe du quartier de la Bouletterie et enfin le troisième, une petite bande du quartier du Petit Caporal.

Elle se chargeait donc de reprendre tous les éléments et surtout de faire ressortir les noms des antagonistes lors de chaque intervention.

D'autre part, le Polonais, lui, avait bien déposé la liste de son personnel, recensant ceux qui étaient présents puis ceux qu'il se rappelait être encore là au moment de la constatation du vol de son véhicule. Valérie en avait profité pour le questionner un peu plus à cette occasion, mais sans résultat. Son emploi du temps se tenait et, pour l'instant, elle l'imaginait hors de cause. Ce qui ne voulait absolument pas dire qu'il ignorait ce qui s'était peut-être passé. Au vu de son comportement, tout pouvait laisser croire qu'il ferait tout pour couvrir un des gars de son groupe, ce qui ne simplifierait pas les recherches.

Désormais, cette affaire allait occuper les deux équipes à plein temps.

En tout début d'après-midi, une dame d'un certain âge se présenta au commissariat de Quimper et demanda à rencontrer les officiers de police chargés de l'affaire concernant la disparition évoquée aux informations sur l'antenne de France 3. Au vu de son âge respectable et de son apparence, elle fut aussitôt conduite auprès de Phil et de François.

Elle portait un tailleur gris à rayures, bien coupé, dissimulant mal une certaine maigreur. Très élégamment, elle tenait son sac à main en cuir serré contre elle, comme un bréviaire. Un foulard en soie, noué autour de son cou décharné, se perdait dans l'ouverture de son chemisier blanc. Retenus sur la tête par une luxueuse barette, ses cheveux gris argenté étaient assortis à ses yeux, proches de la teinte du cristal, un gris insaisissable. Elle avait l'air pénétré d'une femme dont l'esprit semblait très préoccupé. Le soleil, d'une luminosité inhabituelle pour la saison, rayait l'espace où elle patientait, assise sur une chaise. Elle inspirait véritablement le respect.

Phil vint la chercher dès qu'il fut disponible. La dame soupira, levant vers lui un regard d'une intensité brûlante, comme si elle redoutait cette entrevue et souhaitait la retarder encore un peu. Elle hocha la tête et le suivit à petits pas. Phil lui sourit, tentant de la rassurer du regard. Elle s'assit sur une chaise en face des deux OPJ. Anxieuse. Angoissée peut-être même. Phil et François se présentèrent et l'invitèrent à justifier sa visite.

— C'est à propos de ce que j'ai vu à la télévision, ce midi.

— Vous voulez parler de la disparition, Madame ?

— Oui. C'est ça… la disparition.

— Auriez-vous reconnu la personne ?

— C'est-à-dire, que je n'en suis pas sûre, mais je dirais bien que c'est mon p'tit gars.

Les deux OPJ venaient de bien comprendre ses propos. Ils restèrent cependant interdits, se refusant surtout de la brusquer. Son visage demeura totalement inexpressif. On l'aurait crue soudain transformée en statut d'albâtre. Un long silence s'installa. Ce fut François qui le rompit, ménageant au mieux ses paroles et le ton de sa voix :

— Quand vous dites, Madame, que la personne pourrait être votre petit, vous voulez dire qu'il pourrait s'agir de votre fils ?

Elle secoua négativement la tête.

— Votre petit-fils ?

— Oui, répondit-elle en appuyant son affirmation d'un hochement positif de la tête.

— Qu'est-ce qui vous fait dire qu'il pourrait s'agir de votre petit-fils, Madame ?

— La photo… à la télévision.

— Il habite chez vous ?

— Non. Plus, depuis longtemps.

— Désirez-vous un café, un peu d'eau… pendant que nous allons prendre votre déposition ?

— Non. Merci.

— Bien. Pouvez-vous nous donner votre identité, Madame, ainsi que votre adresse ? Et ensuite vous nous expliquerez ce que vous savez, d'accord ?

Phil prit place aussitôt à son ordinateur pour enregistrer les déclarations de la dame, devinant qu'elle devait détenir des informations précieuses sur la personne repêchée dans l'Odet.

— Je m'appelle Jeanne Le Kerbraz. Je suis née en 1924 et vais avoir bientôt quatre-vingt-deux ans. Tenez, jeune homme, voici ma carte d'identité, dit-elle en s'adressant à Phil après avoir fouillé fébrilement dans son sac et sorti le document. Mon mari était militaire de carrière, officier, gravement blessé lors de la dernière guerre, il est décédé en 1950, me laissant seule avec un fils de deux ans.

Elle marqua un long silence comme si les images de sa vie défilaient devant ses yeux. À un moment même, son regard s'emplit de larmes.

— Où habitez-vous Madame ?

— À Quimper. Avenue du Corniguel, comme c'est inscrit sur ma carte ! répondit-elle à François qui n'avait pas pu lire la pièce d'identité qu'avait Phil entre les mains.

Son sang ne fit qu'un tour à l'évocation de cette

adresse. Nul doute que les informations qu'ils allaient recueillir dans les minutes à venir allaient être cruciales pour la suite de l'enquête.

— Nous en étions à votre fils de deux ans, en 1950…

— Oui. Il s'est marié en 1973. Et ils ont eu un garçon, en 1976… je m'en souviens bien, c'était l'année de la sécheresse et ma belle-fille a bien souffert de la chaleur cet été-là… Mon petit, Michel, est né en septembre.

Le seul énoncé de son prénom parut la peiner. Elle soupira et resta silencieuse quelques secondes, avant de poursuivre.

— Et, quand le malheur vous poursuit, il ne vous lâche pas… mon fils et ma belle-fille ont été tués sur la route, en hiver, en revenant ensemble du travail… le verglas. C'était en 1980. Je gardais le petit, j'allais le chercher après l'école… Et, une fois de plus, je me suis retrouvée seule avec ce petit bout de chou.

Elle ne tenta pas d'essuyer une larme qui coulait silencieusement sur sa joue blanche et ridée par les années et les malheurs. Sans le moindre son : ni pleurs, ni sanglots convulsifs, juste des larmes.

Elle semblait comme hors d'atteinte. Quelque chose l'avait éloignée.

Un nouveau silence s'installa, moins tendu cette fois.

Ce fut à nouveau François qui le rompit :

— Votre petit-fils, Michel Le Kerbraz, vivait-il avec vous, avenue du Corniguel ?

— Oui. Jusqu'au baccalauréat. Ensuite, il est parti en pension pour poursuivre ses études. C'est un très gentil garçon qui m'aime beaucoup, heureusement qu'il est là, sinon… ma vie… enfin. Il a obtenu son diplôme d'ingénieur et a travaillé dans diverses industries. Mais, les temps sont durs, même pour des diplômés, il a été victime d'un licenciement collectif voilà deux ans et, depuis, il travaille à Saint-Nazaire… Vous savez, sur le chantier qui construit des paquebots.

— Oui, nous connaissons…

— Il est fier de travailler sur ce prestigieux chantier. Vous avez dû le voir dans la presse… Ils ont décroché un contrat record pour la commande de deux paquebots, ce qui donne du travail jusqu'en 2008 et 2009.

— Oui, nous avons lu cela…

— Mon petit Michel, il est brillant, beau et affectueux. Et je ne vous dis pas cela parce que c'est mon petit, mais parce que c'est vrai…

Puis elle resta immobile. Ses yeux s'adoucirent. Bouche entrouverte, elle fixa François du regard. Lorsqu'elle s'exprima, sa voix était presque réduite à un souffle inaudible. Après un moment d'hésitation, elle demanda :

— Ne me dites pas qu'il lui est arrivé malheur, à lui aussi ?

— Nous devons d'abord établir et vérifier que nous parlons bien de la personne que nous recherchons.

— En vieillissant, on se résout à reconnaître que la vie n'est, dans tous les cas, qu'une succession de hasards plus ou moins absurdes, n'est-ce pas ?

— Sans doute. Avez-vous une photo récente de votre petit-fils et peut-être une pièce d'identité ?

— Des papiers d'identité, non, ils sont avec lui. Mais je peux vous montrer sa photo, je l'ai toujours sur moi. Tenez. C'est lui, là, debout à côté de moi, c'était pour mes quatre-vingts ans !

Elle avait sorti de son sac à main une photo écornée qui présentait le jeune homme à côté de sa grand-mère. François l'examina puis la confia à Phil. Ils se regardèrent et eurent froid dans le dos en le reconnaissant, vraisemblablement.

— Et quel est son lieu de résidence principale, actuellement ?

— Trignac. C'est juste à côté de Saint-Nazaire et c'est tout près de son travail. Il loue une jolie petite maison dans une cité. Il m'y a emmenée l'été dernier, il était venu me chercher à la maison pour le week-end. Il est gentil, si vous saviez ! Un sourire illumina son visage à cette évocation.

— Avez-vous son adresse ?

— Bien sûr. Elle fouilla une nouvelle fois dans son sac et sortit une petite carte de visite. Tenez, tout est dessus, il a même rajouté son numéro de téléphone mobile à la main. Maintenant, les jeunes, ils possèdent tous ce type d'appareil ! Le numéro du fixe est imprimé… Il a un répondeur mais, moi, je n'aime pas parler dedans. Depuis deux ans, il vit tout le temps là-bas, mais vient souvent me voir et m'appelle régulièrement toutes les semaines… Je suis à la fois sa mamie et… sa maman, vous comprenez ?

— Oui, nous comprenons bien, répondit François.

— Mon petit Michel… Elle s'était mise à réfléchir à haute voix et s'adressait à François. C'est qu'il aurait eu un accident pendant son voyage, si vous cherchez à joindre quelqu'un qui le connaît, c'est ça ? Encore un problème d'avion, il y en a eu tellement ces derniers temps !

— Pourquoi nous parlez-vous de voyage et d'avion ?

— Parce qu'il devait partir avec une amie. Pour cette dernière, il ne me l'a pas dit mais je crois bien que, cette fois, c'est la bonne, car il m'a confié qu'il viendrait avec elle me voir à son retour et qu'il m'annoncerait une grande nouvelle. Alors, vous pensez bien que j'ai compris ! Son visage s'était détendu, laissant apparaître un sourire malicieux et repoussant, pour quelques instants encore, l'heure de l'atroce vérité.

— Connaissez-vous l'identité de cette amie ?

Elle leva les épaules d'impuissance, secouant négativement la tête en poussant un soupir de désolation, sans répondre.

— Savez-vous si elle travaille également aux Chantiers ?

— Non. Je ne connais rien d'elle. Je sais juste qu'il est amoureux, mon Michel !

— Quand est-il parti et quand doit-il revenir ?

— Je m'en souviens très bien. Vous savez, j'ai une excellente mémoire malgré mon âge. Il faut dire que je la travaille tout le temps. Je l'entretiens : mots croisés, lecture et résumé de mes livres et, à la télé, je regarde Les chiffres et les lettres, Questions pour un champion, et je suis bonne. C'est important, sinon… Alzheimer nous guette… Oui, je disais donc que Michel devait partir avec son amie le samedi 7 janvier au soir pour Paris afin de prendre l'avion le dimanche. Le voyage dure une dizaine de jours…

— Où se rendaient-ils ? demanda François.

— Loin, très loin. Chez les Asiatiques. Si… Elle s'interrompit, le front plissé, cherchant à se souvenir du nom du pays. C'est une destination bien connue… du côté où il y a eu le *Tsunami.*

— La Thaïlande ?

— Oui ! C'est ça ! C'est tout un circuit… Mon petit et son amie rentrent d'ailleurs aujourd'hui, car nous sommes le 18… C'est bien ça ! Ils viennent tous les deux me voir le week-end prochain. Ils arrivent samedi matin et m'emmènent au restaurant déjeuner ! J'ai hâte de la voir, si elle est comme mon Michel, ce sera un beau couple, je vous l'dis !

Quand elle parlait, ses mots semblaient la rendre heureuse.

Elle les laissait sortir un peu comme on laisse couler des larmes qui vous soulagent.

— Avant son départ, avez-vous ressenti une angoisse, une inquiétude ou constaté un comportement inhabituel chez lui ?

— Pas du tout ! Bien au contraire, il était euphorique, heureux, le bonheur sur toute la ligne…

— Vous ne lui connaissez aucun ennemi ?

— Des ennemis ? soupira-t-elle. Comme c'est mélodramatique ! Non. Honnêtement, je ne vois pas, il me l'aurait dit.

— Peut-être pas…

— Si. Elle lui jeta un regard peu amène. Il me l'aurait dit, rajouta-t-elle d'un ton définitif. Il m'aidait beaucoup parce qu'il était calme. J'ai une fâcheuse tendance à m'énerver pour un rien et à me montrer impulsive. Et voilà, vous voyez, je m'emporte encore sans raison !

— Excusez-moi… C'est de ma faute !

Ce dernier échange eut le don de détendre l'atmosphère dans le bureau. Le moment devenait irréel pour tous les trois. Les yeux pétillants de bonheur de cette charmante dame parlant de son “petit” ne faisaient qu'augmenter la peine de Phil et de François qui redoutaient l'instant qui allait briser sa vie à tout jamais…

— Souhaitez-vous un café ? Nous allons en prendre un également.

— Si vous en prenez aussi, ce n'est pas de refus.

— Nous vous laissons quelques instants, à tout de suite !

Phil avait tenu à sortir avec François pour se rendre chez le patron afin de lui expliquer la situation, demandant, au passage, à un agent, de préparer trois cafés et de les apporter au bureau. Yann Le Godarec parut fort embarrassé par ce cas tout à fait particulier. Le commissaire préconisa de vérifier d'abord qu'il n'y avait pas d'erreur sur la personne et de demander aux collègues de Saint-Nazaire de se rendre sur place, accompagnés d'un huissier pour pouvoir entrer dans la maison et s'assurer de l'identité, puis, seulement à ce moment-là, de revoir la vieille dame pour lui annoncer la réalité. D'autant qu'il faudrait envisager la reconnaissance du corps…

— Imaginons que ce ne soit pas la personne en question… nous pouvons la tuer cette brave dame en lui annonçant ce qui s'est passé. Se tromper serait vraiment trop grave, impardonnable… Vérifions d'abord !

— En attendant, que lui disons-nous ?

— Je n'sais pas, moi. Que son petit-fils étant injoignable, sans doute à cause du voyage, nous allons tenter de le rencontrer à présent et vérifier certains points. Puis, que nous la tiendrons au courant… quelque chose de ce genre, vous voyez, vous vous débrouillez !

En reprenant leur place, Phil et François retrouvèrent la dame buvant son café, tranquillement. La sérénité de cet instant était si prégnante que, pendant un moment, ils en oublièrent la gravité de la situation qui les attendait. Il existe une situation à laquelle aucun être humain ne peut se montrer insensible, c'est d'apprendre la mort d'un être cher. Mais, pour l'instant, cela paraissait si éloigné de cette femme…

Madame Le Kerbraz se permit même une réflexion pertinente, montrant ainsi que son inquiétude l'avait quittée pour un temps et qu'elle avait une forte personnalité.

— Entre nous, pas fameux votre café ! Et puis, ces tasses en plastique… Non, décidément, je ne m'y ferai jamais !

Nous sommes bien d'accord avec vous ! lui répondirent-ils avec un sourire complice.

La seule chose qu'il était possible d'affirmer à cet instant, c'était qu'une lumière traversait ce visage et qu'il serait bien qu'elle ne s'en aille jamais…

Puis, François, avec la diplomatie que lui avait conférée une longue carrière, se lança. Il commença par la remercier de s'être déplacée et d'avoir apporté toutes les précisions concernant son petit-fils. À présent, ils allaient pouvoir le contacter et, au besoin, ils la rappelleraient.

Elle parut hésiter un instant et vouloir poser d'autres questions. Ils la sentirent écartelée entre la peur d'apprendre la vérité et le désir effréné de la découvrir. Elle leva vers Phil ses splendides yeux gris dont l'expression était maintenant triste, et accepta finalement la version présentée, sans autre commentaire. Phil proposa de lui appeler un taxi, ce qu'elle refusa, préférant longer les quais de l'Odet tranquillement par cette belle journée ensoleillée, fraîche certes, mais agréable pour la saison.

— La marche me fait du bien et je prendrai le bus en centre-ville, dit-elle.

Il la raccompagna jusqu'à la porte du commissariat… Il la regarda s'éloigner à petits pas, le long du trottoir de la rue Théodore Le Hars en direction du pont qui enjambe l'Odet pour rejoindre le boulevard de Kerguelen. Elle lui avait paru soulagée.

Sans perdre de temps, ils se retrouvèrent au bureau du patron qui était déjà en ligne avec son collègue, le commissaire principal Duval de Saint-Nazaire-La Baule, afin d'arrêter le mode d'intervention et ceci en accord avec le procureur.

Dans la soirée, les deux lieutenants devaient pouvoir être en mesure d'accompagner un huissier et un serrurier au domicile de Michel Le Kerbraz. De leur côté, Phil et François se mirent en relation avec le LATS afin de relever les appels émis et reçus par le portable et le téléphone fixe de Michel Le Kerbraz depuis le début de l'année ainsi que les déplacements éventuels du portable si, toutefois, il était resté en veille. Ils joignirent également les personnes qui s'étaient manifestées par téléphone et à qui un rendez-vous avait été donné pour le lendemain. Sur la vingtaine de rendez-vous pris, dix-huit concernaient un témoignage en faveur de Michel Le Kerbraz… ce qui laissait penser qu'il pouvait bien s'agir de lui. Compte tenu des éléments en leur possession, tous les rendez-vous furent annulés, l'identité des personnes ayant appelé fut retenue en cas de besoin ou de complément d'information.

*

* *

Trignac. Ce même mercredi 18 janvier à 17 heures 15.

La maison se situait dans un lotissement récent d'un quartier calme, à l'écart de la voie express, constitué de petites maisons avec garage intégré et mitoyennes, deux par deux. Toit de tuiles rouges, crépi jaune, huisseries PVC… les lignes simples et typiques d'un logement de défiscalisation de type "loi de Robien" permettant au propriétaire de se constituer un patrimoine à peu de frais. Un jardinet clos et arboré, devant et derrière, complétait le tout.

Valérie et Stéphane se garèrent devant la porte du

garage de la maison dont les volets n'étaient pas fermés, tandis que l'huissier et le serrurier stationnèrent le long de la rue. La porte d'entrée, pleine, peinte en bleu marine, était dotée d'une serrure de sécurité. Le serrurier préféra opter pour la serrure de la porte coulissante du garage qui céda en effet très rapidement à son crochetage. À l'intérieur, pas de voiture, seulement un VTT et un casque ainsi que divers accessoires de sport sans grand intérêt, accrochés sur le pan gauche du mur de séparation avec le voisin. Une porte permettait l'accès à l'intérieur de la maison. Ils entrèrent dans une petite cuisine équipée, simple mais fonctionnelle, à l'américaine, avec son comptoir-bar donnant sur la salle principale.

Immobiles, Valérie et Stéphane regardèrent d'abord la cuisine, s'imprégnant de l'atmosphère. Leurs enquêtes les avaient menés dans de nombreuses pièces telles que celle-ci, toutes différentes, mais identiques par cet air qu'elles avaient d'attendre quelqu'un qui n'allait pas tarder à revenir. Ils le sentaient à de menus détails, les couverts, la tasse et sa soucoupe dans l'évier, le torchon et le produit à vaisselle, une note sur un papier pour se souvenir d'une commission… Tout paraissait figé, chaque objet semblait garder la marque des doigts qui l'avaient installé là.

En prolongement, le salon-salle à manger était confortablement meublé avec goût. En fait, dans cette grande pièce, il y avait peu de meubles et encore moins d'objets, mais on sentait que chacun avait été choisi avec soin. Tous les murs étaient peints en blanc. Le sol disparaissait, ici ou là, sous de sombres tapis aux motifs très modernes. Valérie s'attarda sur les photos et fouilla les meubles à la recherche de billets pour un voyage en Thaïlande. Elle découvrit une pièce d'identité périmée et différents documents portant une ancienne adresse, celle de l'avenue du Corniguel à Quimper, elle les emporta.

Valérie se fit la remarque que ce logement était bien occupé par un homme : pas une fleur, pas une plante verte, aucune végétation exubérante ne venait donner de la vie ni de la couleur à cet espace.

Stéphane visita les toilettes, la salle de bain et mit sous scellés une brosse contenant des cheveux, le verre et la brosse à dents. Il ne remarqua rien de particulier, tout étant parfaitement rangé. La chambre, par contre, ne bénéficiait pas du même ordre général. Près d'un lit défait, des vêtements de sport qui, visiblement, avaient été utilisés, entassés dans un coin, traînaient à même le sol recouvert de moquette. Il saisit le tee-shirt pour le mettre également sous scellés, ces éléments étant indispensables pour vérifier l'ADN et le comparer à celui de l'homme découvert à Quimper. Sur la table de nuit, un cadre contenant la photo d'une jeune femme élancée, à l'épaisse crinière brune, le visage éclairé par un éclatant sourire et des dents blanches parfaitement alignées... Quelques posters allégoriques ornaient le mur au-dessus de la tête de lit. Ils montèrent à l'étage. Sous la pente du toit, deux chambres mansardées, éclairées par une ouverture de type Vélux. Des toilettes et une petite salle d'eau peu utilisée entre les deux, contenant le strict minimum. Dans la première chambre parfaitement rangée, le mobilier était simple, probablement des objets d'occasion ramenés des boutiques de dépôt-vente qu'ils avaient croisées en venant. Cette pièce devait visiblement peu servir. De nombreux clichés en noir et blanc avec de belles dames et de beaux messieurs, un peu dans la manière glamour du Studio Harcourt, en plus dramatique, peut-être… Sans doute des photos de la grand-mère et du grand-père quand ils étaient jeunes. Quelques livres anciens et une bible étaient rangés dans la table de nuit.

La deuxième chambre avait été transformée en bureau : micro ordinateur, téléphone avec son boîtier répondeur-enregistreur dont la bande paraissait saturée. Aucune trace de téléphone portable… Des étagères couraient sur toute la longueur d'un mur, contenant bibelots et livres récents ; se côtoyaient ouvrages techniques, romans et essais. Dessous, un bureau en pin surchargé de documents de toutes sortes, souvent crachés de l'imprimante à partir d'interrogations sur Internet, notamment des informations sur la Thaïlande. Sur la gauche, un vieux classeur gris de récupération qui avait dû faire les belles heures d'une administration quelconque. Après une fouille approfondie, ils saisirent l'ordinateur, le répondeur-enregistreur ainsi que des relevés de compte bancaire. Pas de trace de carte bancaire ni de chéquier…

Aucune entrée ne semblait avoir été forcée et la maison ne donnait pas l'impression d'avoir reçu une visite importune ni fait l'objet d'une fouille systématique. Le vol ou le souhait de venir rechercher un ou des éléments particuliers semblaient à écarter.

Avant de quitter les lieux, Valérie s'adressa aux voisins de la maison mitoyenne tandis que Stéphane se rendit à celle située de l'autre côté de la rue. Une dame d'une quarantaine d'années vint ouvrir à Valérie. Elle connaissait son voisin. Michel Le Kerbraz et son époux faisaient du VTT ensemble en Brière, de temps en temps. Selon elle, il devait être en voyage, car il l'avait prévenue de son départ pour la Thaïlande, deux semaines plus tôt. Il n'y avait donc rien d'étonnant à ce qu'il ne soit plus là depuis cette date. Par contre, il devait leur laisser la clef de sa maison et il avait omis de le faire… Venant de lui, ceci l'avait étonnée, de même que les volets restés ouverts… Lui qu'elle trouvait si méticuleux, si attentionné, elle ne se souvenait pas l'avoir revu depuis le vendredi qui devait être la veille de son départ. Elle le considérait comme un homme très bien, sain, sportif et intéressant intellectuellement.

— Savez-vous s'il a une amie ?

— Oui. Il devait d'ailleurs partir avec elle.

— Connaissez-vous son nom ?

— Non. Désolée… Je l'ai aperçue quelquefois, cependant, je ne lui ai jamais parlé. Mais, j'y pense, il a de la famille sur Quimper, peut-être pouvez-vous vous renseigner de ce côté ?

— Oui. Nous allons voir. Quelqu'un lui aurait-il rendu visite avant son départ ?

— Non, je n'ai rien remarqué de tel. Que lui est-il arrivé ?

— Vous n'avez pas vu les journaux, nous avons diffusé un avis de recherche.

— Non. Son visage s'empourpra puis devint triste. Je ne prends pas le journal et je viens juste de rentrer de mon travail à Airbus Industrie… Il a disparu ? Il a eu un accident ?

— Je ne peux pas vous répondre pour l'instant. Lui connaissez-vous des ennemis ou des personnes susceptibles de lui en vouloir ?

— Des enne… ? Non !

— Vous ne voyez vraiment personne dans son entourage ?

— Non, sûrement pas, c'est un homme honnête, droit et courageux…

— Une dernière question. Quand vous l'avez vu pour la dernière fois, vous a-t-il semblé inquiet, angoissé, tracassé par quelque chose ou avoir un comportement inhabituel ?

— Non, pas du tout, au contraire, enjoué, heureux, épanoui, le grand bonheur, quoi !

— Bien. Merci.

De son côté, Stéphane n'obtint pas plus de renseignements. Ils quittèrent les lieux pour rejoindre l'Hôtel de police. Les scellés devaient absolument partir pour analyse au plus vite. Ils appelèrent Phil et François pour rendre compte de leur visite. Sous réserve des résultats des laboratoires, ils semblaient se diriger vers l'identification du cadavre de l'Odet en la personne de Michel Le Kerbraz.

Le point fut ensuite effectué avec le patron. Ce dernier appela le procureur qui décida de poursuivre l'enquête du côté de Saint-Nazaire. Ce qui signifiait que Phil et François devaient envisager de prendre leurs affaires et de s'y installer, indifféremment des résultats attendus. S'il s'avérait qu'il s'agissait bien de la personne pressentie, il appartiendrait au patron, accompagné du maire ou d'un de ses représentants, de rencontrer madame Le Kerbraz pour lui annoncer la nouvelle et l'accompagner à l'identification du corps…

IV

Jeudi 19 janvier. Saint-Nazaire.

Ils étaient partis très tôt le matin de Quimper et, à présent, à travers les vitres, la nuit épuisée virait progressivement au gris à l'approche de Saint-Nazaire. La fraîcheur claire de ces derniers jours avait laissé la place à une douceur humide. Inlassablement, à intervalles réguliers, France Info distillait ses informations générales rappelant qu'un passage de précipitations était annoncé dans la journée sur la pointe de Bretagne se déplaçant vers l'est pour traverser toute la France.

Dès leur arrivée, le commissaire principal Duval les réunit tous les quatre dans son bureau afin de faire le point des constatations actuelles et sur les actions à mener.

— L'enquête s'annonce délicate, précisa-t-il. Nous partons de presque rien !

Après un résumé présenté par François pour la partie concernant Quimper, le lieutenant Valérie Halgand exposa les informations recueillies à Saint-Nazaire.

Dès lors, elle dégagea trois axes de travail : un, revoir les antagonistes des affaires d'échauffourées ; deux, étudier les alibis des étrangers partis très tôt le soir de l'apéritif dînatoire ; trois, même chose, du côté des intérimaires et des salariés permanents des Chantiers.

Le patron se borna à prendre note rapidement des travaux à mener et les invita aussitôt à se mettre au travail, expéditif comme à l'accoutumée. Les quatre OPJ firent un détour par le distributeur de café avant de rejoindre leur bureau, puis François et Phil s'imprégnèrent des renseignements recueillis par les deux lieutenants, y consacrant le reste de la matinée. Pendant le déjeuner, le lieutenant Stéphane Lemétayer brossa un rapide tableau de la situation.

— Nous avons exploité la liste fournie par le Polonais, rien de fracassant, sauf chez deux d'entre eux, également impliqués dans une bagarre avec des gars du quartier Le Petit Caporal.

— Quel drôle de nom de quartier !

— Oh, ça date du XIXe, le quartier doit son nom à une buvette dont l'enseigne représentait le général Napoléon Bonaparte. Vous connaissez l'histoire…

— Ah bon. Et quelles furent les raisons de la bagarre ?

— C'était plutôt flou, l'élément déclenchant étant surtout l'abus d'alcool comme dans de nombreux cas. Il faut savoir que, sur Saint-Nazaire, les interventions dues à l'alcoolisme représentent plus de la moitié de nos actions…

— Je dirais même plus de soixante pour cent ! rajouta Valérie.

— Oui. Et comme dans toutes les villes, Saint-Nazaire connaît des quartiers, disons plus difficiles que d'autres. C'est le cadre des trois affaires suivies par Valérie. En premier lieu, nous avons le village de Beauregard, malgré son nom très “bourgeoisie” puis, celui de la Bouletterie et enfin Le Petit Caporal, pour ce qui nous concerne. Il reste bien encore deux ou trois autres quartiers, mais moins chauds tout de même. Le plus souvent, ce petit monde se retrouve et se mélange du côté du quartier de la gare, alors je pense que nous pourrions y aller ce soir mais pas avant vingt heures.

— OK. Et que pouvons-nous entreprendre dans l'après-midi ? demanda Phil.

— Je serais d'avis d'aller voir le chef d'équipe des intérimaires et celui des permanents des Chantiers, proposa aussitôt Valérie.

— Ils sont nombreux, j'imagine ?

— Non, pas dans le groupe qui nous concerne. Il y a les soudeurs, les chaudronniers, bref des dizaines de corps de métiers… Tous ceux qui sont nécessaires à la construction d'un navire… Concernant la soirée du 6 janvier, il n'y avait que les électriciens et les spécialistes intervenant sur le câblage et les gaines de toutes sortes que ce soit électriques, téléphoniques ou de ventilation. Il faut savoir que, sur un paquebot, cela représente parfois plusieurs milliers de kilomètres à poser.

— Des milliers ?

— Oui, absolument ! Dans le *Queen Mary 2*, cela représente deux mille cinq cents kilomètres de câbles et de fibres optiques... D'après ce que m'a expliqué le Polonais, poursuivit Valérie, les étrangers se chargent uniquement de fixer les câbles et gaines à l'état brut, ensuite, les intérimaires s'occupent des connections, des boîtes de dérivations et des interrupteurs et, enfin, les permanents testent toutes les installations, effectuent les raccordements aux sources d'énergie, posent les tableaux des disjoncteurs ou les trappes d'accès, de visite et autres. Ces derniers sont les seuls responsables du plan d'installation et de sa bonne marche.

— Si j'ai bien compris, sur un même métier, trois "savoir-faire" travaillent en complémentarité avec une seule finalité : livrer une installation en état de marche et une garantie de fonctionnement dans la durée.

— C'est tout à fait ça.

— D'où, j'imagine également, du fait de la promiscuité, des tensions, des jalousies et une hiérarchisation...

— Effectivement... D'autant plus que les salaires et les protections sociales ne sont pas de même niveau. Cependant, ces phénomènes, nous les trouvons partout dans une moindre mesure. Il suffit de regarder autour de nous : entre nous et les agents en tenue, par exemple, ou encore, entre la police nationale et la police municipale et j'en passe… à des degrés inférieurs, certes, mais avec les mêmes préjugés, on ne refait pas l'être humain… Dès qu'il y a groupe, naissent en son sein, automatiquement, à un moment ou à un autre, différences et ségrégation. Dès lors, cela signifie jalousie, querelle d'intérêt, reconnaissance.

— Bien, comment procédons-nous ? demanda François.

— Pour garantir le même quota d'informations dans les deux équipes, il vaut mieux que nous nous croisions. Pour commencer, Phil et Valérie, vous vous chargez des intérimaires et François et moi, des salariés permanents et ensuite nous intervertirons les équipes. Nous sommes d'accord ?

— OK, alors en route.

Les deux binômes sortirent au même moment. Le ciel restait plombé. De fines gouttes de pluie tombaient sur la ville.

Ils se suivirent en voiture en direction des Chantiers de L'Atlantique. Dans la première voiture, Valérie proposa de conduire, connaissant mieux la ville, ce qui changea les habitudes de Phil, toujours habitué à avoir François à ses côtés. Ceci lui donna le loisir de mieux regarder sa nouvelle collègue et de la découvrir.

Très peu maquillée, elle portait aujourd'hui un chemisier blanc avec une veste bien taillée et une jupe noire. Elle remarqua le regard de Phil, aussi s'empressa-t-elle de préciser :

— Je ne sais pas ce qui m'a pris aujourd'hui de m'habiller comme ça, je suis le plus souvent en jean et en baskets… Je tiens à te préciser, comme je l'ai fait avec mes autres collègues hommes, que nos relations seront exclusivement professionnelles ! lança-t-elle avec une pointe de froideur, tout en rajustant sa jupe. Que les choses soient claires et sans équivoque !

Phil décela dans les yeux de cette femme un mélange de défi et de supplication.

— Mais, je l'entendais bien ainsi. Je suis marié, je te signale ! tenta d'ironiser Phil. Et toi ?

— Je l'étais, mais cela n'a pas duré. Mon mariage a été un fiasco et vient de se terminer par un divorce retentissant. Tu le sais aussi bien que moi, avec nos horaires à la con et nos missions, il vaut mieux que le conjoint soit conciliant. Moi, le mien n'a rien compris. Je pense qu'il voulait surtout une femme à son service… Bref, rapidement, la tension s'est installée, puis le doute et enfin la discorde jusqu'au clash. Dans notre métier, l'isolement a tendance à exacerber les rapports humains au sein d'un couple ou de la famille si on n'y prend pas garde. Les jugements se pervertissent.

Phil découvrit qu'elle savait très bien masquer sa vulnérabilité derrière un vernis professionnel et un sens de l'humour qui ne devaient pas la quitter. Son sourire franc, son regard chaleureux, ses gestes gracieux, tout cela lui servait, en quelque sorte, de protection. Elle devait lutter en permanence pour établir un rempart autour d'elle. Il la trouvait vraiment étrange… et séduisante aussi. Après s'être exprimée, il n'y avait plus chez elle aucune trace de nervosité ni d'émotion. Sa voix, tout comme son regard, étaient calmes et posés.

— J'ai donc repris mon nom de jeune fille, comme pour effacer toute trace… Nous n'avons pas eu d'enfant. Maintenant, je dois faire face, pour un certain temps, à la sollicitude de tous les gens bien intentionnés de mon entourage, ce qui est, pour ne pas te le cacher, d'un ennui mortel. J'ai hâte d'être hors d'atteinte mais, pour cela, il faut du temps et je ne veux pas quitter "ma" Brière… quoi qu'il arrive !

— Tu sais que, depuis notre dernière rencontre, j'en ai parlé à mon épouse de "ta" Brière ?

— Ah, et alors ?

— Elle connaît, enfin, je veux dire qu'elle a lu des reportages dans la revue *Bretagne Magazine du Télégramme* à laquelle elle est abonnée, même si c'est en Loire-Atlantique ! Ce qu'elle y a découvert l'a attirée, alors je crois bien que nous allons y venir aux beaux jours en famille, au moins pour un week-end !

— Je serais ravie de vous servir de guide ! Je vous ferai aussi découvrir ma petite chaumière restaurée, mon havre de paix et de bonheur. Heureusement que je l'ai !

— Ce sera avec plaisir !

— Tiens, nous arrivons. Là, sur la gauche, c'est notre bureau de quartier, tu sais… la police de proximité… Malheureusement, nous n'avons pas toujours du personnel à disposition… alors, tu vois, il est fermé !

— Ouais, je vois, c'est comme partout, les moyens humains deviennent des denrées rares.

— Je vais suivre les collègues et on va entrer sur le territoire des Chantiers. D'ici, tu ne vois presque rien. Les installations recouvrent cent huit hectares, alors…

Ils se plièrent aux obligations d'accès à l'accueil et purent, chacun de leur côté, rencontrer leur interlocuteur. Phil et Valérie furent installés dans le local réservé aux intérimaires, sur les quais, car il n'y en avait pas à proximité des navires. Un homme se présenta aussitôt. Ils l'interrogèrent immédiatement.

— C'est que je ne suis pas le responsable en titre, j'assure juste le remplacement momentanément.

— Et comment se nomme le chef de votre groupe ?

— Michel Le Kerbraz… C'est qu'il est en congé depuis le 6 janvier au soir, pour deux semaines et ne reprend que le lundi 23 alors, si vous pouviez attendre la semaine prochaine, ça m'arrangerait.

Surpris par la révélation, les deux OPJ restèrent quelques secondes interdits, mais se ressaisirent rapidement.

— Bien, peut-être pouvez-vous, tout de même, nous communiquer, dans ce cas, la liste du personnel de l'équipe intérimaire présent le 6 janvier dernier ?

— Non. Désolé. Je ne le seconde que sur le plan technique sur le chantier. Pour le reste, il vaut mieux que vous voyez avec le bureau de la société d'intérim. Il fouilla dans un tiroir du bureau. Je vais vous donner les coordonnées. Tenez, tout est inscrit sur cette carte.

— Et vous-même, aviez-vous participé à l'apéritif dînatoire du vendredi 6 au soir ?

— Oui, bien sûr, comme mes collègues.

— À quelle heure avez-vous quitté les lieux ?

— Assez tôt, car ma femme travaillait de nuit cette semaine-là, alors, à cause des enfants… j'étais à la maison vers vingt et une heures.

— Est-ce que Michel Le Kerbraz était encore présent au moment de votre départ ?

— Oui. Enfin, je crois…

— Vous croyez ou vous en êtes sûr ?

— Je n'sais plus, y avait du monde… Je n'ai pas fait plus attention que ça. Nous sommes effectivement arrivés ensemble pour rejoindre les autres vers vingt heures, ensuite, je l'ai perdu de vue…

— De mémoire, pouvez-vous vous souvenir si quelqu'un est parti avant ou en même temps que vous ou, si vous préférez, qui était encore présent lors de votre départ ?

— Comme ça, là ? Je ne le pense pas. Si vous avez la liste, je peux tenter de pointer les personnes, mais je ne vous garantis rien.

— Le vendredi dans la journée, avez-vous eu une sorte de passation de pouvoir avec Michel Le Kerbraz ?

— Oui, c'est obligatoire et nous faisons un compte-rendu.

— Pouvons-nous le voir ?

— Non. Je ne l'ai pas, mais demandez-le à la société d'intérim quand vous irez la voir.

— Est-ce que Michel Le Kerbraz vous a paru inquiet, tracassé ou angoissé quand vous étiez avec lui ?

— Non. Pas du tout ! Au contraire, plutôt euphorique, heureux, il partait avec son amie en Thaïlande alors, vous pensez bien…

— Connaissez-vous son amie ?

— Non, Michel est plutôt discret sur sa vie privée.

— Quels sont ses rapports avec le personnel ?

— Excellents. Il est “ingé”, il connaît parfaitement son métier et, en plus, c’est un très bon manager… Vous n’entendrez personne s’en plaindre ni dire du mal de lui, c’est sûr.

— Aurait-il reçu une visite, un appel ou quelque chose qui puisse le contrarier ?

— Non, je viens de vous le dire, il était en super forme et je me souviens même qu’au moment de conclure, il m’a dit en me faisant un clin d’œil : « à mon retour, je vous annonce de bonnes nouvelles et on arrosera ça ! », ce sont ses mots.

— Ah ? Et saviez-vous de quoi il s’agissait ?

— Non. Je n’ai pas osé lui poser de questions. J’ai pensé qu’il allait peut-être nous annoncer son mariage ou quelque chose de ce genre. Il avait l’air tellement heureux à ce moment-là. Pourquoi ? Il lui est arrivé quelque chose ?

— Nous ne pouvons rien vous dire, pour l’instant.

Ils n’apprirent rien de plus de leur interlocuteur et n’eurent que la possibilité de quitter les lieux et de se rendre à la société d’intérim située à l’extérieur du site, non loin de l’entrée des Chantiers.

De leur côté, François et Stéphane étaient installés dans un des bungalows posés sur les quais, assez spartiate certes, mais ils étaient bien calés dans les confortables sièges du bureau du chef d’équipe, Jacques Mercier. Trente-cinq ans environ, l’homme paraissait énergique ; avec des cheveux bruns uniquement sur les côtés, son front et le haut de son crâne totalement dégarni brillaient sous la lumière du néon. Le visage plutôt rond, on pouvait lui trouver une légère ressemblance avec l'acteur Gérard Jugnot, mais en plus costaud.

Par contre, son regard était plutôt fuyant et le jeu de ses mains cachait mal une certaine nervosité. Ce devait être un faux calme…

Il confirma être bien présent à la soirée du 6 janvier. Il se souvenait, en effet, que vers vingt-deux heures, son collègue, le Polonais Krzysztof Wieckiewicz, avait constaté la disparition de sa voiture de location. Toutes les personnes présentes l'avaient d'ailleurs charrié à ce sujet, lui seul ne trouvait pas la blague très drôle.

— Pourquoi, il ne l'a pas retrouvée… sa voiture ? demanda-t-il étonné.

— Il ne semblerait pas, en effet.

— Mais alors, ce n'était pas une blague de l'un de ses compatriotes ?

— Non. Connaissez-vous Michel Le Kerbraz ?

— Oui, bien sûr, c'est aussi un collègue, en quelque sorte. C'est le chef d'équipe des intérimaires. Un type bien d'ailleurs. Un ingénieur très compétent, il connaît son boulot. Le genre d'individu qu'on aimerait bien récupérer un jour chez nous…

— Il vous arrive de recruter des collaborateurs chez les co-réalisateurs ?

— Oui, bien sûr, les meilleurs et ce gars en fait partie.

— Est-il susceptible de détenir des dossiers confidentiels ou de maîtriser certains savoir-faire que pourraient souhaiter connaître des concurrents ?

— Non. Pas à ma connaissance…

— Vous souvenez-vous de lui au cours de cette soirée ?

— Bien entendu… Nous avons d'ailleurs parlé ensemble à un certain moment.

— De quoi ?

— De tout et de rien. Des équipes, du boulot, de son parcours, de ses ambitions…

— Vous a-t-il paru inquiet, tracassé…

— Non, pas du tout, bien au contraire. Je crois savoir qu'il devait partir en vacances et en voyage…

— Vous croyez savoir ou il vous l'a dit ? demanda François brusquement.

— Il me l'a dit, se reprit-il, surpris par le ton de François.

— Pouvez-vous nous remettre la liste de votre personnel présent à cette soirée ?

— A cette soirée ? Non. Enfin, je veux dire pas précisément, il n'y a aucune obligation d'assister à un pot qui se passe à l'extérieur de l'enceinte des Chantiers et aucun pointage n'est effectué, vous vous en doutez bien… mais, je peux vous imprimer la liste de mon équipe au travail ce jour-là. C'est facile grâce aux badges magnétiques.

— Pouvez-vous nous la remettre ?

— Sans problème, le temps de vous l'éditer. Voulez-vous un café ? Un jus de fruit ? C'est tout ce que j'ai, pas de bière ni d'alcool…

— Non, rien, merci, répondirent-ils en chœur.

Jacques Mercier se tourna aussitôt vers son clavier et son écran.

François parcourut la pièce du regard. Derrière le bureau et, à côté d'un meuble bas, se trouvait un petit réfrigérateur sur lequel attendaient quelques verres retournés et une petite cafetière comme il s'en vend beaucoup à présent et dans laquelle sont utilisées, sous forme de petits sachets, des dosettes de boissons aux différents arômes. Des posters du *Queen Mary 2* et d'un méthanier figuraient en bonne place. Pour se donner bonne contenance et rompre le silence pesant qui s'était installé, Stéphane se permit un commentaire :

— Ce sont de belles réalisations… dit-il désignant du regard une des photos.

— D'ici sont sortis les plus grands paquebots et méthaniers du monde, répondit Jacques Mercier sans quitter son écran du regard. Tenez, voilà, c'est fait.

— Pouvons-nous passer en revue cette liste et vous nous préciserez, si toutefois vous vous en souvenez, qui était encore là à vingt-deux heures ?

— Si vous voulez, mais je ne peux pas vous le certifier à cent pour cent, je vais tenter de le faire en faisant appel à ma mémoire. Mais, pourquoi à vingt-deux heures ?

— La voiture ayant disparu avant cette heure, on peut penser que le voleur n'est plus présent alors, par différence, nous verrons qui est parti avant vingt-deux heures, non ?

— Oui, en effet. Bien sûr.

Ils se mirent au travail et purent ainsi faire ressortir, sans certitude toutefois, que neuf personnes, présentes au départ du pot, ne l'étaient plus à l'heure constatée du vol du véhicule. Jacques Mercier parut soudain mal à l'aise et crut utile de préciser :

— Parmi ces personnes, il faut savoir que certaines profitent d'une telle manifestation pour dire chez eux qu'ils assistent à une soirée… mais, en réalité, elles n'y viennent pas et sont plutôt de sortie ou en “piste”, si vous voyez de quoi je veux parler…

— Oui, bien sûr. En “vadrouille” avec des copains ou se retrouvent chez une copine, c'est ça ?

— Oui, tout à fait.

— Vous pouvez nous en désigner ?

— Non. Je refuse formellement. C'est leur vie privée.

— Bien. Nous allons les rencontrer et, ensuite, peut-être en reparlerons-nous.

— C'est vous qui voyez !

Jacques Mercier recula son siège et fit mine de se lever comme pour indiquer que l'entretien était terminé. François et Stéphane prirent congé.

— Pas très loquace, notre homme ! se permit Stéphane en rejoignant la voiture.

— Non. Je pense qu'il ne doit pas aimer la police tout simplement. Et, en plus, il n'a visiblement rien à fiche de notre problème. Il donne l'impression de voir cela de haut : une histoire “chez les étrangers” et “chez les intérimaires”... Monsieur semble au-dessus de tout ça !

Ils prirent la direction du bureau de la DRH afin d'obtenir les adresses des neuf personnes qu'ils envisageaient de contacter.

Ils en profiteraient pour s'informer sur les grandes lignes historiques des Chantiers de l'Atlantique ainsi que sur le principe d'organisation et de suivi du personnel. L'accueil fut chaleureux. Les présentations faites, François demanda que le représentant de la direction leur parle d'abord, même brièvement, des Chantiers.

— Vous raconter les Chantiers, cela prendrait des heures ! En deux mots, disons que cette entreprise a été créée en 1861 par la Compagnie Générale Transatlantique. Le Chantier devenu filiale d'Alstom en 1984 a construit des centaines de navires en cent quarante-cinq ans, en commençant par le premier paquebot, *l'Impératrice Eugénie*, propulsé par deux roues à aube. Puis, un siècle plus tard, il lançait le *France* qui fut pendant plus de quarante ans le plus grand paquebot du monde avec ses trois cent treize mètres de long. Enfin plus récemment, le *Quee Mary 2*, nouveau géant des mers, avec ses trois cent quarante-cinq mètres de long, trois mille passagers et mille quatre cents hommes d'équipage…

— Effectivement, je m'en souviens bien…

— Mais je dois surtout préciser que cette entreprise est prestigieuse et connue dans le monde entier. Le personnel est fier d'y travailler, du plus bas au plus haut poste, que l'on soit permanent, intérimaire ou co-réalisateur français ou étranger. Pour résumer, comment vous la définir en image ? Nous pourrions comparer les salariés aux bâtisseurs de cathédrales… Connaissez-vous l'histoire du tailleur de pierre ?

— Non !

— La comparaison est signifiante. Cela se passe il y a mille ans. Un homme observe un tailleur de pierre et lui demande ce qu'il fait. « Vous voyez bien, je taille des pierres », répondit-il, sans enthousiasme, tant sa vie était grise, tout en poursuivant son travail. L'homme continue son chemin et s'approche d'un autre homme qui, lui aussi, taille des pierres de la même manière que le précédent, près d'un immense chantier et il lui pose la même question. Cette fois, ce dernier lui répond en se relevant et en regardant l'homme fièrement, droit dans les yeux et le sourire aux lèvres : « Je construis une cathédrale ! ». Ces hommes-là sont heureux, parce qu'ils aiment un travail qui leur procure de fortes joies. Voyez-vous, ici, c'est la même chose, nous construisons des cathédrales ! Ce sont les plus grands paquebots du monde et nous en sommes fiers. Chaque personne qui travaille dans cette enceinte, quel que soit son poste, est animée de cette fierté qui nous unit tous. Vous n'êtes pas sans ignorer notre contrat record de plus d'un milliard d'euros pour la construction de deux paquebots.

— Nous l'avons lu dans la presse. Quels étaient les précédents succès ?

— Les cinq méthaniers de Petronaz dans les années 1990 puis, le fameux *Queen Mary 2,* un contrat de huit cent millions d'euros…

— Comment se situe le carnet de commandes actuellement ?

— Les commandes tombent à point, car nous étions plutôt en situation de creux. Nous avons deux paquebots, le *Musica* et l'*Orchestra* à livrer en 2006 et 2007 et trois méthaniers en 2006.

— Et le changement d'actionnariat, cela inquiète-t-il les salariés ?

— Ils se posent évidemment des questions, mais les perspectives actuelles de travail prennent le dessus. Et ne perdons pas de vue que cette opération nous permet de devenir l'entreprise la plus performante au monde dans son secteur et d'être à la seconde place sur le marché des paquebots de croisière derrière l'italien *Fincantieri*. D'ailleurs, la bourse ne s'y est pas trompée lors de cette annonce…

— Toutes vos équipes sont sur le pont en ce moment, alors ?

— Bien sûr, elles mettent tout en œuvre pour faire repartir durablement les Chantiers, ce qui est un beau et motivant challenge à relever, car, concernant le *Fantasia* qui doit être livré en juin 2008 et le *Serenata* en mars 2009, nous n'en sommes qu'aux études préparatoires et, concrètement, les opérationnels n'attaqueront les premiers travaux de chantier qu'au milieu de cette année… Mais, d'ores et déjà, tout le personnel veut finaliser cet objectif et gagner ce défi.

— Je repense à l'allégorie des bâtisseurs de cathédrales, je la trouve très belle.

— N'est-ce pas ? Quand tout le personnel réalise un immense projet, le travail devient un véritable bonheur, peu d'entreprises peuvent se réjouir d'une telle ambition. Tout près de nous, c'est aussi le cas de nos collègues d'Airbus Industrie avec le fameux A 380.

— C'est vrai. C'est vraiment admirable…

François et Stéphane l'écoutèrent encore de longues minutes, ses propos étaient passionnants et enthousiastes ; cependant, il fallait revenir au but de leur visite et à des sujets plus terre à terre.

Le représentant de la direction du personnel leur expliqua alors le principe des badges :

— Ici, quel que soit son poste, chaque salarié en possède un qui lui permet d'enregistrer ses entrées et ses sorties. Il offre également d'autres possibilités telles que payer son repas à n'importe quel self. Nous disposons en permanence d'une douzaine de lieux de restauration sur le site dont l'effectif croît en fonction de l'importance des travaux en cours, ils sont confiés à des sociétés de restauration collective. Le salarié peut également s'en servir quand il se rend au “boire-chaud”…

— Au… comment avez-vous dit ?

— Au “boire-chaud”… Ah, oui, excusez-moi, c'est une expression propre aux Chantiers ! Il s'agit des coins-repos où nous avons installé des distributeurs de boissons et de friandises et dans lesquels ils peuvent utiliser leur badge, plutôt que des pièces.

— D'accord, j'ai compris… C'est marrant comme expression “boire-chaud”, mais logique au fond ! Combien de salariés employez-vous ?

— Le nombre varie selon l'importance des commandes, l'avancement des constructions. Disons que nous sommes un peu plus de trois mille permanents dont cent vingt sur le chantier situé à Lorient, plus les intérimaires et les co-réalisateurs, qu'ils soient issus des sociétés françaises ou européennes. À la fin d'une construction, nous pouvons atteindre cinq à six mille sur le chantier… Nous avons même été plus de quinze mille en phase finale de certaines livraisons quand plusieurs bateaux sont à terminer au même moment… Vous vous rendez compte de la fluctuation ?

— Effectivement. Comment s'orchestre la fabrication de chaque navire ?

— Pour chaque construction, une équipe et son responsable d'ouvrage qui doit mener le programme du début à la fin sont mis en place.

Il expliqua longuement et, dans le détail, toute l'organisation et la gestion d'une construction entière, quelle que soit sa taille, agrémentant d'anecdotes certains passages et rappelant que, outre les paquebots et les méthaniers, les chantiers construisaient aussi des car-ferries, des navires à grande vitesse, des bâtiments militaires et autres navires spécialisés.

— Très bien, compris, merci.

En possession de leurs informations, ils quittèrent rapidement les lieux, très heureux de cet entretien, véritable moment de découverte.

De leur côté, Phil et Valérie avaient également été très bien reçus par le directeur de la société d'intérim. Ce dernier leur avait remis la liste des personnes présentes sur le chantier le vendredi 6 janvier et tenta, par téléphone, auprès de deux collègues, dont le remplaçant de Le Kerbraz qui venait de les recevoir, d'obtenir la liste des personnes qui s'étaient absentées avant vingt-deux heures. Six noms furent relevés, dont celui du second, remplaçant actuel de Michel Le Kerbraz. Il convenait, à présent, de les rencontrer rapidement à leur domicile. Le responsable de l'agence écarta d'office l'hypothèse d'une détention de secrets professionnels pouvant intéresser la concurrence ou l'espionnage industriel en général.

La pluie avait à présent cessé, mais le ciel ne se dégageait pas pour autant. Phil proposa à Valérie qu'il conduise, ce qu'elle accepta aussitôt. Elle s'installa côté passager en souriant et s'étira en poussant un long bâillement qui fit saillir ses seins sous le tissu blanc de son chemisier. Phil ne put s'empêcher de la regarder. Elle s'en aperçut et s'empressa de faire la même remarque que précédemment avec humour et sans provocation :

— N'oublie pas Phil, pas d'équivoque entre nous…

— Je sais… je n'oublie pas !

Cette fois, Valérie, en copilote, indiqua à Phil l'itinéraire à suivre pour se rendre chez la première personne de la liste.

De leur côté, François et Stéphane avaient déjà entamé la leur. Les deux premières personnes purent justifier sans difficulté de leur emploi du temps. Ils quittèrent le boulevard Albert Ier à hauteur de la plage de Villès-Martin pour s'engager sur la droite, vers des rues aux noms d'oiseaux et arrivèrent où demeurait la troisième personne à interroger. Ils s'arrêtèrent devant une jolie maison contemporaine bien centrée dans son jardin. Une puissante moto était garée devant la porte du garage.

Ils sonnèrent à la porte d'entrée. Un homme d'une quarantaine d'années vint ouvrir. Les présentations effectuées, Jean-Claude Cuvier s'effaça pour les laisser entrer et les installa dans le salon où régnait une ambiance agréable, avec une cheminée élégante, curieusement réconfortante et empreinte de nostalgie, tout à la fois. L'ameublement était soigneusement choisi et adapté aux dimensions de la pièce, le sol généreusement recouvert de tapis.

Il se trouvait seul, son épouse n'allait pas tarder à rentrer en ramenant les deux enfants, précisa-t-il. Ce dernier paraissait tendu et particulièrement inquiet par cette visite impromptue. C'était un homme solide, très robuste, d'un bon mètre quatre-vingts. Au vu de sa carrure, il devait certainement faire de la musculation.

— À quelle heure avez-vous quitté les lieux des festivités le vendredi 6 janvier ?

— Je ne m'en souviens plus… c'est si loin ! Pourquoi ? Vous m'avez flashé avec ma moto pour excès de vitesse, c'est ça ?

— Non. Pas du tout…

— Ouf, j'ai eu peur ! Quand vous vous êtes présentés, j'ai tout de suite pensé à ma moto et à mon permis !

Il se détendit aussitôt et leur proposa une consommation que les deux OPJ déclinèrent.

— Faites un effort de mémoire, c'est très important.

— Bon... disons vingt-deux à vingt-trois heures, je me suis arrêté prendre un pot dans un bar et je suis rentré, peut-être vers minuit, je ne sais pas moi...

— C'est gênant, des témoins vous ont vu partir bien avant vingt-deux heures, qu'en dites-vous ?

Cette fois, Jean-Claude Cuvier marqua le coup, surpris de la réaction des OPJ qui n'étaient pas là, semblait-il, pour s'en laisser conter. Au même moment, la porte s'ouvrit, laissant passer deux fillettes d'une dizaine d'années à peine et une jeune femme proche de la quarantaine. Les formalités de présentations faites, François demanda à l'épouse de monsieur Cuvier de rester avec eux quelques instants. François lui posa aussitôt la même question :

— Madame, vous souvenez-vous à quelle heure votre époux est rentré dans la nuit du vendredi 6 au samedi 7 janvier ?

— Oui, je m'en souviens très bien. J'ai mon réveil électrique en face des yeux, de mon côté... Il m'a suffi d'ouvrir les yeux une seconde pour constater qu'il était deux heures quarante-trois exactement...

— Ben, tu n'dormais pas ?

— Jamais, tant que tu n'es pas rentré... avec ta moto ! Tu sais bien que je ne suis pas tranquille.

— Bien, merci Madame. Votre époux, ici présent, vous a-t-il donné une explication ?

— Oui, bien sûr, la soirée du premier de l'an aux Chantiers qui, comme chaque année, n'en finissait pas, mais cela ne se produit pas qu'une seule fois par an, hélas… C'est bien ça… n'est-ce pas mon chéri ? rajouta-t-elle après un temps de pause.

— Heu… oui, oui… c'est bien ça…

L'homme était pétrifié, le regard fixe, perdu dans ses pensées.

— Monsieur Cuvier, connaissez-vous Michel Le Kerbraz ?

— Heu… oui, bien sûr. Enfin, je veux dire comme tout le monde, pourquoi ?

— C'est nous qui posons les questions. Quelles étaient vos relations avec lui ?

— Normales… heu, je veux dire, pas de problème… C'est le chef des intérimaires… un type bien. Mais je ne vois pas pourquoi vous me posez toutes ces questions, ici, ce soir, chez moi ? ajouta-t-il en levant le ton et ne cachant pas son agacement.

— Bien, comme vous ne voyez pas, tenons-nous-en là. Nous vous sommons de vous présenter demain matin, à huit heures, à l'Hôtel de police au 59, rue du Général de Gaulle.

— Mais, mon chéri, peux-tu me dire ce qui se passe ? s'inquiéta subitement son épouse. Ce sont encore tes folies en moto, c'est ça ?

— Non, ne t'inquiète pas, il n'y a pas de problème.

Puis, réalisant à l'instant la convocation qui lui avait été signifiée, il réagit :

— Mais, Messieurs, demain, moi je travaille !

— Aucune importance, vous vous débrouillez, huit heures à notre bureau !

François et Stéphane quittèrent la maison sous le regard inquiet des enfants, les questions de l'épouse et l'embarras non feint de Jean-Claude Cuvier. Une fois dans la voiture, Stéphane avait le sourire en prenant le volant.

— En voilà un qui n'est pas net. Son chef affirme qu'il est parti à vingt heures trente, lui, fait mine de ne plus se souvenir et son épouse annonce qu'il rentrait dans la chambre à deux heures quarante-trois ! Bref, en gros, cela fait six heures !

— Exact. Si nous comptons qu'il faut deux heures pour se rendre à Quimper et autant pour revenir, la boucle est bouclée. Il avait largement le temps de faire son coup…

— Oui, mais avec quelle complicité ? Celle d'un collègue étranger, intérimaire, permanent ? Un tiers ? Tout reste à étudier. Résumons : supposons qu'ils fassent le coup à deux, à Saint-Nazaire. Lui ou son complice, utilise la voiture volée au Polonais, l'autre la moto, direction Quimper. Plouf, à zéro heure quarante et une ! Et retour ici, en moto tous les deux, ni vu ni connu ! Ça se tient bien. Pour quelles raisons ? À qui profite le crime ? Demain matin, notre homme risque de se retrouver en garde à vue ! Car il va falloir qu'il nous explique ce qu'il a fait pendant tout ce temps ! Je note également d'interroger les fichiers afin de vérifier si sa moto n'aurait pas été flashée entre les deux villes.

Ils poursuivirent les interrogations auprès des autres membres de la liste, sans résultat. Dans le même temps, Phil et Valérie arrivaient chez le cinquième intérimaire. Ils étaient impatients de le rencontrer car il faisait partie des personnes impliquées également dans une échauffourée avec, semblait-il, deux ou trois étrangers contre la bande du village de Beauregard.

Quarante-deux ans, divorcé, Christian Le Lann vivait seul dans un appartement du centre-ville et venait juste de rejoindre son domicile. Quand il ouvrit la porte, il ne cacha pas sa surprise de recevoir la police chez lui.

Le visage vultueux, le cheveu négligé, son haleine était chargée de tabac et d'alcool. Valérie, gênée, dut reculer légèrement sur le palier.

Invités à entrer, ils longèrent un couloir avant de se retrouver dans une pièce de type salon-salle à manger, où l'ordre ne laissait pas de doute quant aux piètres qualités ménagères de son occupant. Phil détailla la pièce.

Assez vaste, murs blancs, nus. Pas d'étagère, ni bibelot ni livre. Un mobilier réduit à l'essentiel et mal assorti : table, chaises, buffet à côté du coin salon où ils venaient de s'asseoir.

Tout en bredouillant quelques excuses incompréhensibles, l'homme tenta vainement de dégager la petite table de salon et le canapé.

Une porte-fenêtre donnait sur un balcon et sa position au cinquième étage laissait apercevoir, non loin de là, un peu de verdure et les arbres dénudés d'un parc paysager.

— Pouvez-vous nous dire à quelle heure vous avez quitté la soirée organisée aux Chantiers pour le nouvel an ?

— Aucune idée, je ne suis pas toujours en train de regarder ma montre. J'ai fait comme tout le monde et je suis parti. J'ai retrouvé des copains dans un des bistros de la gare et je suis rentré très tard… poursuivit-il d'une voix atone, le regard éteint.

— Quelle heure ?

— Minuit, une heure, j'sais plus…

— On vous aurait vu partir du local des Chantiers vers vingt et une heures, est-ce exact ?

— Si vous le savez, pourquoi vous me posez la question alors ?

— Ne jouez pas au plus fin et ne tentez pas de faire de diversion avec votre humour douteux. Connaissez-vous Michel Le Kerbraz ?

— Évidemment, c'est mon chef ! D'ailleurs, il n'est pas là en ce moment, au moins, il ne nous fait pas chier !

— Parce que c'est le cas lorsqu'il est là ?

— Vous savez bien, ces jeunes ingénieurs, ils se croient toujours plus malins que les autres. Alors, ils jouent au trou du c… ! Si j'arrive en retard – ça peut arriver à tout le monde, non – il vient me faire la remarque. Quand je m'arrête pour fumer une clope, pareil, alors, vous comprenez, quand il n'est pas là, ça nous fait des vacances !

— Pourtant, jusqu'à présent, nous n'avons entendu que du bien de cet homme. Comment pouvez-vous le juger de la sorte ?

— C'est pas qu'il soit mal. J'dis pas. J'en ai connu des pires : mais, c'est un chef quoi ! Et, moi, les chefs, ça me donne des boutons.

— Si nous comprenons bien, vos rapports ne sont pas fameux avec Michel Le Kerbraz…

— Pas fameux, pas fameux… je n'ai pas dit ça et je ne sais pas comment vous l'exprimer. Mais, il m'a menacé de ne pas renouveler mon contrat à l'échéance si j'arrivais encore au boulot, un peu chauffé et en retard. Alors moi, ses leçons de morale…

— Un peu chauffé… Vous voulez dire en ayant bu un peu trop d'alcool, c'est ça ?

— Si vous voulez… Pas au travail mais avant de venir, car l'alcool est interdit aux Chantiers…

— C'est bien ce qui me semblait. Si j'ai bien compris, cela voudrait dire que vous veniez parfois non dessaoulé de la veille…

— Si vous croyez que c'est toujours rose pour moi depuis que ma femme s'est barrée…

— Si votre épouse est partie, c'est qu'elle avait peut-être ses raisons…

— Oh ! Les femmes… Toutes les… Il réalisa alors la présence de Valérie. J'dis pas ça pour vous, Mademoiselle…

— Madame !

— Excusez-moi… Et s'apercevant qu'il s'enfonçait sans cesse : Oh, et puis merde à la fin, qu'est-ce que vous me voulez ? Qu'est-ce que j'ai fait pour que vous veniez m'emmerder chez moi ?

— Nous cherchons seulement à connaître votre emploi du temps de la soirée du vendredi 6 janvier au samedi 7 !

— Mais, je vous l'ai déjà dit. Moi, le soir après le boulot, j'ai besoin de traîner. De voir du monde. De sentir palpiter quelque chose qui ressemble à la vie, vous comprenez ça ?

— Bien, nous irons vérifier au bar en question. Quels sont les noms de vos copains qui ont bu le coup avec vous ?

— Si vous croyez que je leur demande leur carte d'identité ! J'suis pas de la police moi… Réalisant au même instant la teneur de sa réflexion qui devait faire partie de son langage courant, il reprit : Oh, excusez-moi mais, vous m'embrouillez avec vos questions !

Sans rajouter quoi que ce soit, il avait tout dit. De son désespoir, de ses haines et de sa solitude… Ce que l'on a sur le cœur peut s'entendre parfois mieux que ce que l'on peut exprimer par des mots.

Valérie et Phil s'étaient observés et dans leur tête passaient les mêmes considérations : l'homme, sous le choc et plus imbibé d'alcool qu'ils ne l'avaient pensé en arrivant, semblait de plus en plus tourmenté.

Le regard perdu et l'élocution hésitante, il respirait à présent difficilement et vitupérait avec des sifflements asthmatiques, lesquels n'amélioraient pas son timbre de voix. Sur un signe de tête, ils décidèrent de se retirer, laissant là un homme abattu et usé. Ils iraient vérifier s'il était bien présent dans le bar en question et ils aviseraient ensuite. Il ne paraissait pas avoir la carrure ni la force d'un criminel. Restait à vérifier, cependant, le cas d'une éventuelle complicité.

Installés dans leur voiture, ils appelèrent François et Stéphane et décidèrent de dîner ensemble dans une brasserie de l'avenue de la République. Question de faire le point et de se caler. La nuit était complètement tombée sur la ville.

Les retrouvailles furent chaleureuses, comme s'ils ne s'étaient pas vus depuis des jours. Chaque équipe raconta alternativement ses rencontres. Plusieurs personnes avaient le profil de suspect : le motard, Jean-Claude Cuvier, sans doute le moins clair, se positionnait en première ligne, suivi du quadragénaire dipsomane, Christian Le Lann, et des deux Polonais impliqués dans une bagarre les mois précédents et qui semblaient avoir des difficultés à justifier leur emploi du temps.

— Eh bien, nous avons avancé. Le cercle s'est refermé ! s'exclama François.

— Il serait étonnant que rien ne sorte lors des prochains interrogatoires, rajouta Stéphane.

— Sous réserve que les analyses nous confirment qu'il s'agisse bien de Michel Le Kerbraz car, pour l'instant, rien ne le prouve tout de même ! conclut Phil.

Chacun évoqua ensuite ses anecdotes concernant des enquêtes précédentes, plus drôles les unes que les autres, ce qui contribua à rendre le moment chaleureux. Puis, Phil, sans la moindre arrière-pensée, aborda la question de savoir si la Loire-Atlantique devait s'intégrer à la région Bretagne, puisque cette question semblait revenir régulièrement dans l'actualité. Véritable sujet de polémique ! Valérie réagit immédiatement :

— Saint-Nazaire et le département de la Loire-Atlantique sont rattachés à la région administrative des Pays de la Loire depuis 1942. Alors, dire que Saint-Nazaire est bretonne n'est pas simple ! Pour ma part, je suis celte... Et quand, en juin 1999, le bureau municipal a voté l'installation du *gwen ha du* sur le fronton de la mairie, j'ai applaudi des deux mains !

— Le... quoi ? demanda Phil.

— Le *gwen ha du,* le drapeau blanc et noir de la Bretagne ! Le 15 décembre 2000, j'étais là aussi pour participer aux manifestations organisées par le CUAB* qui consistait à hisser ce fameux drapeau cette fois en haut d'un mât planté dans un parterre de fleurs devant la Mairie. Cela me paraissait d'autant plus important qu'à cette époque, un sondage effectué par des quotidiens régionaux révélait que soixante et onze pour cent des habitants de la Loire-Atlantique étaient favorables au rattachement du département à la région Bretagne...

— Quelle est ta position sur la question ?

— Si un jour cela se faisait, je serais contente mais ce n'est pas primordial pour moi... D'ailleurs, pour en terminer, l'Anjou aussi a été en Bretagne. Je trouve que “Bretagne” ça sonne bien. C'est une ancienne province... alors que “Pays de la Loire” ça ne fait pas le même effet, ça sent l'administratif, l'inventé !

— Ouah, c'est un sujet chaud, si je comprends bien ! lança Phil pour tenter de détendre Valérie qui adoptait un ton vif de militante.

---

*Comité d'Unification Administrative de la Bretagne

— Ce n'est pas un sujet nouveau, en tous les cas. Il faut tout de même savoir qu'à la fin du XIXe siècle, Saint-Nazaire portait le qualificatif de "Petite Californie Bretonne" ! Alors, aujourd'hui, toute la question est de savoir si le fait de faire flotter le drapeau breton à la mairie peut être considéré comme l'étendard d'une lutte politique ou le symbole d'une sympathie…

— Mais toi, comment te considères-tu ?

— Moi ? Je suis bretonne avant tout ! Et d'ailleurs, l'origine celtique de Saint-Nazaire vient du mot *Naoz'ere* qui veut dire "le nez" ou "la pointe". Le National Maritim Museum de Greenwich possède une carte maritime datant du XVe siècle où l'on peut voir le nom de Saint Naher qui veut dire Saint-Nazaire en vieux breton. Toute la ville conserve une toponymie qui illustre son histoire bretonne ancienne. Les noms de quartiers et de lieux-dits en sont les témoins. Vraiment, je peux me montrer intarissable… et, sur le sujet, j'ai la tête dure !

— Oh que oui ! précisa Stéphane en éclatant de rire.

— Toi, bien sûr, tu t'en fous, tu es de Rennes, la question ne se pose pas ! lui assena-t-elle fermement. Moi, je regrette que la culture soit moins vivante ici qu'en centre Bretagne, mais pourtant, je peux vous affirmer que bien des gens me paraissent plus bretons ici qu'à Quimper… sans doute parce qu'ils se sentent exclus alors que, là-bas, vous ne vous posez même pas la question.

Phil et François assistaient avec intérêt aux commentaires détaillés et emplis de conviction de Valérie. Cette jeune femme était de plus en plus attachante. Elle savait autant marier le franc-parler que l'euphémisme ou la litote et ne manquait jamais d'arguments pour défendre ses idées.

— Vous avez aussi une école *Diwan* à Saint-Nazaire ? demanda François.

— Oui, depuis 1991. Et je la défends, je peux vous dire une chose, quand je voyage en France ou à l'étranger et que l'on me demande où est situé Saint-Nazaire, je réponds toujours « en Bretagne ! »

— Vraiment ?

— Bien sûr ! En réalité, je pense que les Nazairiens, à la manière des Malouins, se distinguent du reste de la Bretagne. Ce sont des habitants d'une ville-port avec ses zones industrielles, avec beaucoup de nuances et de contradictions. Le fait de vouloir s'appeler Saint-Nazaire-sur-Mer, par exemple pour souligner sa spécificité de port et se donner un caractère balnéaire, plus touristique. Vaste sujet, n'est-ce pas ?

— À propos de Nazairiens et de Malouins, le challenge ou le défi de la SNSM* va bien vous arranger en terme d'image, non ?

*Société Nationale de Sauvetage en Mer.

— Certainement, le fait de relier, par la mer, Saint-Nazaire à Saint-Malo est effectivement une bonne chose, pour toutes les raisons que nous venons d'évoquer, en plus du caractère caritatif indéniable de cette action… Car nous sommes bien un peu comme au "bout du monde" ici ! rajouta Valérie pour conclure.

— Tiens, ça me dit quelque chose, le bout du monde… "*Penn ar bed*", Brest… de triste mémoire pour nous ! pensa Phil à haute voix*.

Si François avait parfaitement compris l'allusion, Valérie et Stéphane ne relevèrent pas le propos.

Pour rester dans la légèreté, après l'exposé de Valérie, Phil, en prenant la carte des desserts, pensa à un couple d'amis qu'il aimait beaucoup, Jean-Marc et Jacqueline, véritables toques en cuisine et champions du *Tiramisu*.

Aussi arrêta-t-il son choix sur ce dessert, avec l'intention de passer à un autre sujet.

— Savez vous ce que cela signifie ?

— C'est de l'italien, répondit Stéphane.

— Exact ! Tira mi sù, tire-moi vers le haut ou au-dessus, excellent pour prendre de la hauteur et pour remonter le moral, non ?

*

* *

---

*Voir *En Rade à Brest*, même collection, même auteur.

Jeudi 19 janvier après vingt heures.

L'heure avait tourné et ils devaient à présent se diriger vers le quartier de la gare qui s'animait certainement à cette heure. Ils en profitèrent pour modifier les équipes. Phil accompagnerait Stéphane dans le bar tandis que François resterait attendre avec Valérie à l'extérieur. Les deux voitures se garèrent sur un stationnement interdit. En sortant du véhicule, Stéphane poussa un juron.

— Eh merde ! Y a match, ça ne va pas être facile de se renseigner.

Le bar était bondé d'individus agglutinés devant le comptoir, les yeux braqués sur un immense écran de télévision, la plupart en état de transe. Une bourrasque d'exclamations les frappa de plein fouet, en franchissant la porte. Puis, ils se sentirent engloutis dès les premiers pas dans une foule et une atmosphère où se mêlaient les odeurs de calva, de café, de tabac et les relents de bière. Drôle de lieu de convivialité ! pensèrent-ils.

Ils se frayèrent un chemin et se mêlèrent aux téléspectateurs qui avaient les yeux rivés sur les footballeurs, à l'écran. Ils recherchèrent le responsable de l'établissement.

Le football dépassait Phil et Stéphane autant qu'un voyage sur Mars. Ils ne s'y intéressaient guère plus qu'au sport en général. Seuls, le billard et les échecs étaient des jeux qui trouvaient grâce à leurs yeux parce qu'on y pratiquait la mesure et la réflexion. Après quelques mimiques soutenues par des hurlements, ils furent mis en présence du responsable. Ce dernier comprit immédiatement le sens de la visite et obtempéra. Il les invita à se déplacer vers la réserve où il devint plus simple de s'exprimer discrètement.

L'homme, de taille moyenne, maigre au point de paraître émacié, portait une chemise élimée aux manches retroussées sous un gilet de cuir marron qu'il gardait ouvert. Un visage d'oiseau de proie, des petits yeux sombres, profondément enfoncés dans leurs orbites, un regard d'aigle, impénétrable, des lèvres et un nez minces à l'image de toute sa personne, tel était l'individu. Les vestiges de ses cheveux bruns parsemés de fils d'argent étaient aussi sombres que ses yeux et dans les tons de son café.

Contrastant totalement avec cette apparence, il affichait un sourire extraordinaire, éblouissant et débordant d'une confiance qui faisait pétiller ses prunelles lorsqu'il s'adressait à ses clients. Un sourire dont il savait se servir, sans aucun doute, en permanence dans son commerce, comme à l'instant même où il les avait invités à le suivre à l'écart.

— Que puis-je pour vous, Messieurs ? Vous n'avez pas choisi votre soirée ! Demain soir, ce sera plus calme, si vous voulez re…

— Depuis combien de temps tenez-vous cette affaire ?

— Vingt ans bientôt ! dit-il en toussotant légèrement d'une voix de rogomme, sans doute victime de tabagisme passif à moins d'avoir été lui-même un fumeur invétéré, voire également un consommateur d'alcool…

— Connaissez-vous bien vos clients ?

— Pour la plupart, oui, bien entendu, mais pas tous !

Ils demandèrent des nouvelles de Jean-Claude Cuvier puis de Christian Le Lann. Le premier, il ne l'avait pas vu depuis très longtemps et ne se souvenait pas d'avoir eu sa visite en ce début de nouvelle année. L'an passé, c'était un habitué… avec sa grosse moto qu'il garait devant la vitrine avec force coups d'accélérateurs pour attirer le regard des femmes. Quant à Christian Le Lann, il venait très régulièrement et se retrouvait toujours avec les mêmes copains, mais pas les soirs de foot, trop bruyants pour eux… C'était surtout le vendredi soir sur le coup de vingt et une heures… Était-ce le cas ce vendredi 6 janvier ? Il ne pouvait le certifier, mais c'était fort probable. Il tenterait de faire appel à sa mémoire et, s'ils pouvaient repasser le lendemain, il leur dirait.

— Est-ce que la bande du Petit Caporal, du village de Beauregard ou encore de la Bouletterie se trouvait là ce soir ?

— Non. Quelques membres seulement, dont un des meneurs, sont passés dans la soirée mais sont repartis peu de temps après dans un autre bar dont je n'ai pas retenu le nom.

Il se souvint qu'ils avaient lancé à la cantonade leur intention de se rendre dans un bar de nuit pour se “payer de la pute” car ils semblaient être “en fric”. Ils ne cherchaient pas à dissimuler l'argent en grosses coupures qu'ils portaient sur eux, « sans doute suite à un mauvais coup » ne put s'empêcher de rajouter le tenancier… Puis, quand les deux OPJ firent mine de s'en aller, il lança à Phil un regard par en dessous dans lequel transparaissaient sa gratitude et sa soumission.

Ils n'apprirent rien de plus dans l'immédiat. Déjà, le cafetier s'impatientait, la mi-temps du match venait d'être sifflée. Les consommations allaient couler à flots durant quelques instants. Ils décidèrent de revenir le lendemain. Néanmoins, Jean-Claude Cuvier restait en première ligne des suspects ; quant à Le Lann, la suspicion se réduisait…

Dehors, les vitres de la voiture de François et de Valérie étaient recouvertes de buée, à l'intérieur, et ils durent les essuyer énergiquement, de temps à autre, pour suivre les navettes sur le trottoir et à l'entrée du bar. En regardant passer des jeunes désœuvrés, François dirigea la conversation vers les années de sa jeunesse.

— Je pense que ce n'est pas facile pour les jeunes d'aujourd'hui…

— Parce que tu crois que c'était mieux avant ? lui demanda Valérie.

— Oui. Je trouve. Je me souviens, j'avais douze ans en soixante-huit et j'avais un grand frère qui en avait dix-huit. Quelle époque ! C'était le plein emploi, l'espoir d'un avenir heureux. Dans les années soixante-dix, à mon tour, je voyais la vie en technicolor ! L'âge d'or des jeunes. La génération du boulot, du maintien du pouvoir d'achat, la paye augmentait plusieurs fois par an… Les nanas libérées, la pilule et tout ce qui va avec. Je ne me souviens que de bonheur. Il n'était pas question de HIV ni des premiers gros problèmes économiques. Puis, ce fut, pour moi, le temps de rentrer dans le rang et de fonder ma famille, alors… Et toi, ta jeunesse ?

— Moi ? Je suis plutôt de la génération Mitterrand, mais je n'avais que cinq ans le 10 mai 81, et ma sœur seize, elle ne rêvait que de radios libres ! Je me souviendrai toujours de la joie à la maison lorsque la photo de Mitterrand est apparue sur les écrans de télévision au soir des élections… Pour ma part, ce sont les années quatre-vingt-dix qui m'ont accompagnée le plus : le SIDA, la crise, le chômage, les scandales financiers, bref… le début de la cata et des conneries de la gauche… Depuis soixante-huit, la droite a autant gouverné que la gauche avec le même résultat pour le pauvre gars en bas de l'échelle, alors c'est sûr qu'aujourd'hui, pour les jeunes, il n'y a plus cet espoir qui pouvait guider ceux de ta génération ou de la mienne… Aujourd'hui, droite… gauche… avec le non européen et la belle pagaille que cela a engendrée dans les partis politiques, la mondialisation, pas facile d'aller voter… Tiens, voilà Stéphane et Phil qui reviennent !

François fit descendre sa vitre. La pluie reprenait, fine et régulière. Stéphane et Phil vinrent se pencher près de François pour rendre compte. Inutile de perdre son temps ce soir. Ils proposèrent de se rendre au bar de nuit indiqué par le tenancier, afin de repérer le groupe et de voir s'il y avait lieu de les serrer. Dans ce cas, ils appelleraient les collègues à l'Hôtel de police. Ils suggérèrent à François et Valérie de rentrer et de se retrouver au bureau le lendemain matin, comme convenu, pour recevoir le cher Jean-Claude Cuvier…

François démarra aussitôt et Valérie lui proposa de faire un détour par le village de Beauregard, question de lui donner une idée de l'endroit. De la gare, ils pouvaient rejoindre la voie express La Baule-Guérande.

— Je t'indiquerai où tourner, ce n'est pas très loin après l'échangeur du Cran Neuf, lui précisa-t-elle.

Le quartier se montra effectivement plutôt triste et François se persuada que le mauvais temps devait sans doute y rajouter une petite dose supplémentaire. Partout, des façades grises, des murs rongés, des volets à claire-voie disloqués derrière lesquels apparaissait parfois un visage basané au regard à la fois anxieux et farouche.

Des familles confinées dans ces cachots et qui n'avaient guère le choix. Tout ça, assoupi dans l'obscurité. Ils ne distinguaient parfois que des formes, des contours et une palette d'ombres plus ou moins prononcées.

Ici ou là, un fugace carré de lumière accroché à une façade sur le vaste rideau noir de la nuit. Là encore, une petite fenêtre obstruée par une tenture qui ne laissait passer qu'une faible lueur.

La rue méphitique était bordée de son lot de poubelles alignées et sans doute d'effluves ad hoc… Elle était déserte, éclairée par les lumières falotes des réverbères. La végétation poussait en désordre, donnant l'impression de vouloir se répandre partout. Des arbrisseaux, maigres et dépouillés dans le froid de l'hiver, attendaient les beaux jours. L'endroit n'avait rien de paradisiaque. La faible lumière éclairait le tambour chromé d'une machine à laver renversée au beau milieu d'une petite mare d'eau sombre. Des chiens faméliques et quelques chats, la peau sur les os, erraient, déféquant sur les trottoirs obscurs. Plus loin, un chien aboya, on eût dit qu'il jodlait, tandis que, non loin de là, la ville vivait, rutilante.

— Tu vois, François, ce n'est pas le luxe par ici !

— Non. C'est le moins qu'on puisse dire. Il ne doit guère y avoir que des corbeaux pour survoler de tels parages !

— Tiens, les deux gars qui nous intéressent habitent à cet endroit. Ils sont comme les grands sportifs : détenteurs d'un long palmarès ! Il ne doit y avoir personne, car il n'y a pas de lumière, pourtant les volets sont ouverts. Inutile de traîner, tu peux aller rejoindre la rue du Bois Joalland et contourner l'étang du même nom.

En chemin, avec son habituelle prédilection pour l'histoire, elle s'empressa de lui conter les antécédents du lieu qu'ils traversaient.

— Sais-tu qu'il a toute une histoire ?

— Quoi, l'étang ?

— Oui. Il date de l'entrée en guerre des États-Unis d'Amérique, au mois d'avril 1917.

— Comme le monument américain que tu nous as montré devant la plage ?

— Oui, exactement. Celui-ci symbolise l'armée américaine venant au secours de la France et son arrivée le 26 juin 1917. Il a été inauguré le 26 juin 1926, détruit par les forces nazies en 1941 et reconstruit ensuite…

— Bref, un parcours en dents de scie…

— Effectivement. Pour en revenir à 1917, la ville de Saint-Nazaire est alors retenue comme port de transit des troupes américaines. Un des problèmes était l'alimentation en eau. Aussi, en novembre de la même année, les Américains entreprirent de grands travaux afin de capter les eaux de ruissellement au lieu-dit le Bois Joalland. Au hameau de l'Épine Blanche, quatre maisons vont même disparaître sous les eaux qui forment désormais un grand réservoir : un lac artificiel fermé par un barrage de terre sur soixante-cinq hectares avec un volume de deux millions de mètres cubes. Cette réserve a suffi jusqu'en 1921 mais, après la pénurie de cette année-là, il a fallu aller puiser en Brière le complément d'eau nécessaire pour l'alimentation de la ville…

— Ah, la Brière, toujours la Brière ! se contenta de dire François en riant, tout en faisant un clin d'œil à sa Briéronne de voisine. Déjà, ils filaient sur le boulevard de l'Hôpital en direction du commissariat.

À l'évocation de la Brière, Valérie entreprit de lui parler un peu de son enfance, de son père, de sa mère, de cette nature préservée…

Elle évoqua sa grande peur, au moment de partir pour poursuivre des études, de ne plus jamais revenir. Puis, ce retour, comme une nouvelle naissance, une nouvelle découverte du site de son enfance. Cette chaumière restaurée qui représentait exactement ce dont elle avait toujours rêvé quand elle était petite… Elle éluda son mariage et son divorce, période abhorrée qu'elle voulait oublier. Seul, le merveilleux conservait toute sa place dans sa tête et dans son cœur. Elle idolâtrait véritablement les lieux où elle résidait. C'en était touchant. Son visage était empreint d'une certaine mélancolie qui collait au silence nocturne de la ville. François sentait qu'elle pouvait être intarissable sur ce vaste sujet, pour peu qu'on lui en donnât l'occasion. Il sentait la présence de cette femme. Elle rayonnait d'énergie, même quand elle se taisait, pensa-t-il.

Mais ils étaient, à présent, garés. Ils devaient se séparer et filer chacun de leur côté pour profiter encore du sommeil des heures à venir. La nuit flottait funestement sur la ville, comme un immense catafalque.

De leur côté, en se séparant, à la gare, Phil et Stéphane avaient décidé de la contourner pour passer par derrière et revenir vers le centre-ville. Phil observait ce qui s'offrait à eux en entrant dans la ville à partir du pont qui enjambe les lignes de chemins de fer. La longue avenue de la République se présentait avec tous ses commerces dont chaque habitant devait connaître le nom. En pensant à Lorient et à Brest, Phil se dit que parfois les villes se ressemblent, même style de rue, même architecture, mêmes règles, mêmes codes.

Tout de suite, à droite, la gare puis, toujours du même côté, la ville et, sur la gauche, au bout des rues perpendiculaires, le port et les bassins avec leurs ponts mobiles afin de laisser passer les embarcations des plaisanciers ou les bateaux de pêche. Enfin, droit devant eux, tout au fond, le front de mer, invisible, car masqué tout d'abord par le Centre République, “Le Paquebot” et, tout au bout de l'avenue, par l'Hôtel de Ville et ses fontaines…

Stéphane ralentit en débouchant dans le pandémonium des esseulés… le quartier des bars de nuit. Phil, quant à lui, rêvait à ces bars à marins qui accueillent toutes sortes d'épaves échouées là pour un jour, une nuit ou parfois, une vie. Sans doute y retrouveraient-ils, comme le plus souvent, ceux qui savaient et se taisaient et ceux qui se racontaient, encore et encore, leurs mensonges salés. Mais, tous accrochés à quelque chose, un verre, une rade, un port, un souvenir, une fille assise sur un tabouret du bar qui ressemblait tellement à une autre fille sur un autre tabouret, ailleurs… Et tout ça pour arracher une nuit de plus au néant, une nuit de plus à rêver… à oublier. L'arrêt brutal du véhicule fit revenir Phil instantanément à la réalité.

En lettres rouges, l'enseigne lumineuse perçait la nuit, comme une tache de sang. Ils ne percevaient ni bruit ni musique, mais la façade était tout illuminée. Des lumières colorées filtraient à travers les baies vitrées, jetant des éclats jusque sur la tôle luisante et mouillée des voitures. Elles étaient plusieurs dizaines, garées à la diable sur le terre-plein central de l'avenue et le long de la rue. Ils se précipitèrent en courant vers l'entrée du bar, sous la pluie qui venait d'accélérer.

À l'intérieur, ils remarquèrent d'abord une fille perchée sur un tabouret, accoudée au bar, juste à l'entrée, tournée vers la porte. Elle était étroitement moulée dans une robe vert d'eau, les yeux étirés comme ceux d'un chat. Ses jambes étaient croisées et sa jupe remontait sur des cuisses mates. Elle les toisa, en exhalant un lourd nuage de fumée. Un regard dur, sans concession. Ils refermèrent la porte. Le comptoir se déployait tout droit jusque dans les profondeurs de la salle. Comme le nom de l'enseigne le désignait, on avait l'impression première de pénétrer dans la soute d'un bateau pirate. La pièce s'élargissait vers le fond. Au beau milieu, un poteau fiché comme un mât. Autour, quelques tables et des banquettes recouvertes de velours à la couleur incertaine.

En dehors de la fille du tabouret, glaciale et au regard torve, toutes les autres étaient en compagnie, tantôt alignées au comptoir devant un verre, en discussion avec un ou plusieurs hommes, tantôt à une table dans la zone plus sombre. Dans cet espace trônait, au centre de chaque table, une lanterne à bougie… c'était la seule source de lumière. Des ombres mouvantes jouaient avec leur corps au ralenti dans l'attente d'heures plus chaudes et ludiques. Une rumeur satisfaite courait de table en table, ponctuée de rires étouffés. Des filles immigrées pour la plupart, à la limite de la majorité. L'une, un peu plus âgée, paradait justement au milieu d'un essaim de jeunes avec autant de cadavres de bouteilles sur leur table. Ils avaient bu. Ils parlaient fort. Ils avaient un peu plus d'une vingtaine d'années. La fille riait aussi avec eux parce qu'elle savait qu'il fallait qu'ils boivent encore… et qu'ils payent… L'argent ne semblait par leur faire défaut. Ses seins remuaient sous un infime bout de tissu blanc que certaines lumières tendaient à valoriser davantage encore.

Phil et Stéphane prirent place sur une banquette, non loin du groupe. Un des gars avait décroché. Affalé sur sa table, la tête posée sur son coude replié. La sylphide riait aux éclats dans la lumière ambrée de l'éclairage inactinique, en repoussant, avec une habileté qui n'avait d'égale que son grand professionnalisme, les mains qui semblaient se perdre vers son corps.

Phil se permit une réflexion discrète à Stéphane : « cette fille, contrairement aux autres, est un modèle de trente ans d'âge au moins ! ». Elle savait imposer les limites. Ce n'était pas le lieu ! Tout à l'heure, peut-être, avec celui qui semblait être le meneur et posséder le plus d'argent… Elle l'emmènerait et il la suivrait alors, docilement. Pour l'instant, au bar, un type contrôlait la situation. Il ne bronchait pas. Seuls, les muscles de ses maxillaires remuaient sous sa peau comme les pistons d'une lente machine à broyer, les mâchoires serrant une allumette.

Phil et Stéphane se firent servir une eau gazeuse. Leur regard refaisait à présent le tour de la salle à la lumière nue et froide et appréhendait chaque chose, objet, être. Examinant ce monde corrompu, ils n'y décelèrent aucun signe de tendresse, d'affection ou d'amour… Ils furent pris de pitié et de rage à la fois pour ce monde en pensant aux filles dites de joie. Quelle joie ? Pouvait-on encore y trouver le frisson et l'aventure ? Rude, âpre, la réalité avait pris le dessus, plus sordide aussi ! Une certaine misère… Ils aperçurent le joyeux sybarite qu'ils avaient considéré comme étant le chef, sortir une liasse de billets de cent euros, en extraire un et enfourner le reste, négligemment, dans la poche de son jean, puis… il disparut à la suite de la femme…

Phil et Stéphane s'approchèrent du comptoir et du personnage interlope vêtu d'une chemise noire. C'était un homme aux trait anguleux de mulâtre, plutôt grand et longiligne, bien que ses épaules, à mieux le regarder, semblassent larges et puissantes ; un corps de pilier de rugby. Il devait avoir une trentaine d'années, difficile d'être plus précis. Son visage paraissait jeune, pourtant, il y avait quelque chose de vieux dans son regard. Sa nature profonde se lisait dans ses yeux, des yeux retors avec une lueur cruelle, le regard de quelqu'un prêt à saisir toutes les opportunités. Si pensée ou prière se tramait à l'intérieur de son crâne, nul n'était en mesure de le percevoir. Il jouait parfaitement son rôle de petit gauleiter, pour le compte d'un patron, sans doute invisible sur le terrain. Quelque chose d'ambigu s'en dégageait.

Après avoir discrètement glissé leur carte sur le comptoir, l'homme cessa de mâchonner l'allumette qu'il tenait serrée au coin de la bouche.

Son regard parcourut aussitôt la salle puis revint vers eux, comme rassuré de n'avoir rien remarqué d'anormal.

— Voilà, je suis à vous, énonça-t-il avec un entrain factice.

Sans se faire prier, il leur confirma que les jeunes en goguette devant eux correspondaient bien aux groupes des deux ou trois quartiers concernés. Il reconnut sans difficulté qu'ils disposaient de plus d'argent que de coutume, « résultat d'un dur labeur, bien mérité sans doute », se contenta-t-il de répondre avec un sourire qui en disait long. Il leur demanda aussitôt la discrétion, eu égard aux habitués et bons clients irréprochables, présents à cette heure.

Phil et Stéphane sortirent et décidèrent d'appeler le commissariat afin de poster les troupes à proximité du bar, d'arrêter tous les membres du groupe, discrètement, les uns après les autres, et de les diriger vers la cellule de dégrisement. Demain matin, ils feraient l'objet d'un interrogatoire en règle, question de savoir d'où venait cet argent qui coulait à flots… Peut-être y avait-il un lien avec leur affaire, le règlement d'un contrat ?

Quand les collègues de nuit eurent pris place, ils quittèrent les lieux et repassèrent au commissariat avant de rentrer se coucher.

V

Vendredi 20 janvier.

À la fenêtre du bureau de l'étage, Phil regardait le matin blanchir au-dessus des toits. Émotion du jour qui naît. Le temps avait changé durant la nuit. La pluie avait fait place au froid et les pare-brise demandaient à être grattés : une épaisse couche de glace enveloppait les voitures. L'air piquait. Bien avant huit heures, ils se retrouvèrent tous les quatre devant la machine à café. Déjà, l'Hôtel de police connaissait une chaude ambiance.

Tandis qu'ils s'installaient à leur bureau, Jean-Claude Cuvier fut annoncé. À cet instant, le patron de Quimper appela. Il venait d'avoir la confirmation que l'homme découvert dans la voiture, au Corniguel, était bien Michel Le Kerbraz, ce qui venait certifier ce qu'ils pensaient tous déjà. Il lui reviendrait, du même coup, l'amer privilège de rencontrer la grand-mère du jeune homme pour lui annoncer la triste nouvelle. Furtivement, François et Phil revirent le visage de cette charmante personne âgée. Autour d'elle, la mort naturelle, celle qui doit arriver au bout de l'âge, n'avait pas sa place… car, une fois encore, s'immisçait celle, prématurée et violente, qui venait gommer une part supplémentaire de son destin déjà bien entamé.

— Le procureur vous demande également de vous renseigner côté “espionnage industriel” et “concurrence”. Sur des chantiers de cette qualité et de cette importance, toute haute technologie est très convoitée des concurrents étrangers, il peut y avoir matière, surtout en ce moment avec le changement d'actionnariat… Déjà que les pires rumeurs circulent sous le manteau, alors ne négligeons rien…

Le LATS* auquel étaient confiés : téléphone mobiles et cartes SIM devait fournir, dans l'heure, les renseignements concernant les appels téléphoniques émis et reçus par Michel Le Kerbraz, à la fois sur son portable, non retrouvé et n'émettant plus, et sur son fixe. Le LATS avait travaillé également sur les connexions établies par différents interlocuteurs qu'il se chargeait de contacter.

Enfin, l'affaire allait prendre une toute autre tournure. L'amie de la victime pourrait être localisée : peut-être allait-elle leur apporter des éléments du puzzle ? Dès lors, le cerveau de chaque OPJ se mit en ébullition : des images de toutes sortes, encore

*Laboratoire d'Analyse et de Traitement des Signaux.

confuses, montaient à leur conscience mais refusaient, pour l'instant encore, de se laisser capter afin de poser une éventuelle hypothèse.

Des OPJ en tenue avaient pris en main, très tôt le matin, le groupe de jeunes affidés arrêtés la veille à la sortie du bar de nuit. Les premiers renseignements semblaient évoluer vers un trafic de drogue et de voitures volées, aux ramifications non négligeables sur la ville, Nantes et la région. Mais rien ne laissait penser, pour l'instant, à une implication dans une affaire de meurtre. Quoi qu'il en soit, la pêche s'avérait tout de même fructueuse de ce côté. Certaines gardes à vue allaient se transformer en mise en examen et d'autres, en remise en liberté sous contrôle judiciaire, en attente de parution.

Frigorifié, le visage blême et les yeux hagards de celui qui avait mal dormi, Jean-Claude Cuvier se présenta à l'entrée du bureau et fut rapidement installé. Phil ouvrit son micro et lui demanda sa pièce d'identité afin de compléter son compte-rendu. D'entrée, François l'attaqua sans lui laisser le temps de proposer un alibi peu crédible auquel il aurait réfléchi durant la nuit.

— Monsieur Cuvier, ne nous faites pas perdre de temps, dites-nous immédiatement la vérité sur votre emploi du temps du vendredi 6 janvier au samedi 7.

— Je vais vous expliquer… commença-t-il par suggérer, habité de la même rage de convaincre, se jetant dans un abîme d'arguties, au point que François le coupa tout net :

— Pas d'explications tortueuses à souhait ! Des faits, rien que des faits clairs et non discutables ! À quelle heure avez-vous quitté le lieu des festivités ?

François l'avait observé durant l'entretien de la veille, et, au cours de cet interrogatoire, il avait noté ses faiblesses et mesuré sa vulnérabilité.

— Heu… entre vingt et une heures trente et vingt-deux heures.

— FAUX ! Inutile de poursuivre dans le mensonge. Chez vous, hier, vous nous avez dit vingt-deux à vingt-trois heures. Point n'est besoin de vous préciser que vous êtes mal, car il manque encore au moins deux heures à votre emploi du temps. Tout au moins celui dont nous avons connaissance, vous concernant.

Le téléphone sonna, Valérie décrocha puis fit signe à ses collègues de quitter les lieux.

— Nous devons monter chez le patron, il y a du nouveau. J'appelle un gardien en tenue pour garder notre homme.

François se tourna vers Cuvier.

— Nous vous laissons une dernière chance de dire la vérité à notre retour. Nous en tiendrons compte dans notre procès-verbal. À défaut, vous vous dirigez vers le port des bracelets… pour meurtre.

— Pour meurtre ? Mais vous êtes tous tombés sur la tête, ma parole !

— Avons-nous l'air de plaisanter ?

— Je n'ai rien fait ! Je vous l'jure ! Je ne comprends rien à ce qui arrive…

— Comme la très grande majorité des personnes que nous arrêtons… juste avant qu'elles retrouvent la mémoire… C'est là où le bât blesse. Là où le tragique reprend sa place dans cette affaire. Bonne réflexion et à tout à l'heure.

Ils se levèrent tous les quatre au moment où le gardien en tenue entra et ils quittèrent le bureau sans jeter le moindre regard à Jean-Claude Cuvier dont la consternation se lisait sur le visage. Ce n'était plus le même homme.

Il ressemblait à ces rescapés frôlés par le souffle du boulet qui viennent de réaliser, avec une certaine angoisse, ce qui a failli leur arriver. Cela avait suffi pour que son monde s'écroulât.

Le commissaire principal Duval les reçut, l'air triomphal.

— Votre affaire est devenue prioritaire. J'ai eu votre patron et le LATS, dit-il à l'attention de François et de Phil. L'amie de Michel Le Kerbraz est localisée. Elle habite Saint-Nazaire, dans un appartement d'une résidence située dans une rue perpendiculaire à la rue Parmentier. Tenez, voici son adresse. Elle s'appelle Annie Dezruez. Nous avons pu joindre l'agence de voyages qui l'avait appelée ainsi que Michel Le Kerbraz. Ni l'un ni l'autre ne se sont présentés à l'embarquement. Son téléphone ne répond pas et son enregistreur semble saturé… C'est mauvais signe… Appelez un huissier et un serrurier, voire les pompiers au cas où… Après avoir interrogé le voisinage, vous intervenez… Autrement, que donnent vos investigations ?

François et Valérie rendirent compte des résultats de la veille et de l'interrogatoire tout juste commencé.

Mais, déjà le patron n'écoutait plus, pressé de les voir sortir et de passer à autre chose. Expéditif, il conclut l'entretien :

— Bon, très bien. Présentez-vous chez cette personne et appelez-moi pour me tenir informé de votre visite et me faire part de votre sentiment sur ce que vous découvrirez.

Déjà, il avait rangé son dossier, remis ses fiches à François et décrochait son téléphone afin de poursuivre ses activités, indifférent au départ de ses collaborateurs. Pendant que Valérie et Stéphane contactaient pompiers, huissier et serrurier, François et Phil, au moment de récupérer leurs affaires, revirent Jean-Claude Cuvier et s'assurèrent qu'il avait modifié sa position en prenant de nouvelles dispositions.

François l'interpella brutalement en arrivant dans le bureau :

— Les choses ne s'arrangent guère pour vous… commença-t-il par lui lancer.

— Mais, je vous assure que je n'ai rien fait de mal. Je ne vois absolument pas de quoi vous voulez parler.

— Écoutez, si vous ne voyez pas, nous allons vous laisser réfléchir encore un peu…

François s'attendait à ce que la question provoquât de l'embarras ou une riposte furieuse. Ce ne fut pas le cas. Jean-Claude Cuvier s'aperçut qu'il allait une nouvelle fois rester seul, tenta de s'accrocher aux branches, car le temps passait. Il regarda sa montre ostensiblement et ne cacha pas son exaspération et son impatience.

— Attendez. Je veux bien tout vous dire. Toute la vérité. Mais, il ne faut pas que ça sorte d'ici… Vous comprenez, ma femme, mes enfants… Je vous demande de la discrétion.

— Nous verrons, dites toujours.

— Voilà. Ce soir-là, je ne suis pas resté avec les collègues aux Chantiers faire la fête. Je suis parti très tôt et, vis-à-vis de chez moi, je m'étais arrangé avec mon chef pour dire que j'étais avec lui…

— Votre chef, c'est-à-dire Jacques Mercier ?

— Oui, je n'ai que celui-là ! Et, comme il est célibataire, il me sert d'alibi de temps en temps.

— Et alors, qu'avez-vous fait, puisque vous n'étiez pas avec lui ?

— J'étais chez une copine…

— Son nom, son adresse, depuis quand dure cette idylle ?

— Depuis la fin de l'année dernière. Elle est divorcée. Mais, on est discret et faut pas que ça se sache, vous comprenez ?

— Ça, mon vieux, il fallait y penser avant ! Bien, vous allez rester là et nous allons la convoquer…

— Mais, c'est qu'elle travaille !

— Où ?

— Dans une boutique, Avenue de la République. Vous ne pouvez pas faire ça, son patron, son boulot…

— Vous commencez à nous emmerder avec vos manières. Nous travaillons sur une affaire de meurtre crapuleux, alors… vos coucheries et vos états d'âme… Pour l'instant, ça fait de vous le premier suspect dans une affaire de meurtre, vous me suivez ? François tentait de maîtriser la colère qui durcissait de plus en plus sa voix.

— De meurtre crapul… se contenta-t-il de répéter, assommé par les propos de l'OPJ.

Son moral venait d'en prendre un sérieux coup.

François donna les consignes quant à la mise en garde à vue et en cellule, pour l'instant, de Jean-Claude Cuvier.

Il demanda à un binôme en tenue de se rendre à la boutique de la "belle dame" pour l'inviter à se rendre de toute urgence à l'Hôtel de police afin qu'elle puisse déposer son témoignage. Puis, il leur demanda d'effectuer une enquête de voisinage près de chez elle pour s'assurer que le motard, Jean-Claude Cuvier, était bien un visiteur habituel de cette dame…

Au même moment, Valérie arrivait les chercher pour se rendre chez Annie Dezruez. En chemin, elle demanda à François des nouvelles de leur suspect.

— Il vient d'accoucher… sous réserve de vérification. Monsieur doit courir la prétentaine…

— La pré… quoi ?

— Nous serions en présence d'une banale affaire de cul, si tu préfères ! précisa Phil, le sourire aux lèvres.

— Ou de faux témoignage ! poursuivit Valérie qui devait conduire son idée, persuadée que Cuvier pouvait se faire couvrir par une amie dévouée.

— Peut-être ! Faut voir. Tout dépendra de ce que nous allons découvrir tout à l'heure.

Elle hocha la tête avec un doux sourire. Dans son regard, il n'y avait pas de méfiance, seulement de la tristesse et des questions.

— Tout de même… murmura-t-elle.

La résidence de standing était nichée dans un espace boisé. Située à mi-distance du centre-ville et du front de mer, elle était paisible. Dans le parc, de grands arbres noirs, défeuillés, et des marronniers imposants se dressaient dans le silence hiémal. Les platanes dépouillés semblaient se recroqueviller sur eux-mêmes. Phil et François relevèrent le col de leur parka pour se protéger du froid, regardant le ciel où une opaque couleur d'huître laissait presque imaginer une menace de neige et ils se dirigèrent vers l'entrée de l'immeuble tandis que Valérie restait dans la voiture.

L'ouverture des portes vitrées se déclenchait par un système de digicode. Phil sonna à différents appartements jusqu'à ce qu'il pût se faire déverrouiller l'entrée. Bois et plantes vertes dominaient le hall jusque devant la porte de l'ascenseur. Dans un angle plus sombre, vers la cage d'escalier, un faisceau de lumière basse tension éclairait par-dessous une plante artificielle démesurée et d'une verdeur spectrale, contrastant avec la gaîté de l'espace.

Déposés silencieusement, comme sur un nuage de ouate au quatrième et dernier étage de l'immeuble, Phil et François se présentèrent à la porte de l'appartement d'Annie Dezruez. L'épaisse moquette du palier absorbait le bruit de leurs pas. Les coups de sonnette répétés restèrent sans réponse. Ils tendirent l'oreille, aucun bruit. Une voisine entrouvrit sa porte sur le même palier derrière eux.

— Si vous cherchez Annie, elle n'est pas chez elle, elle est partie en voyage.

— N'aurait-elle pas dû rentrer ?

— Si. Mais nous sommes sans nouvelles d'elle depuis son départ.

— Vous a-t-elle laissé la clef de son appartement ou à une voisine, un concierge ?

— Nous n'avons pas de concierge. Mais, je suis la seule personne à qui elle aurait dû la laisser car je devais lui arroser ses plantes pendant son absence. La chaleur du chauffage dans les logements, ça dessèche…

— Et elle ne l'a pas fait ?

— Elle a sans doute dû oublier, dans la précipitation du départ, un si beau voyage… La Thaïlande. Avec son ami. Ses yeux brillèrent d'admiration à l'idée de ce voyage… Elle devait envier sa voisine. Phil se demanda surtout si elle l'enviait pour le voyage ou pour l'ami… Mais il écarta aussitôt sa réflexion personnelle, la gardant pour lui.

— Elle n'est donc pas passée vous voir avant de partir ?

— Non. Je pense qu'ils ont dû s'en aller en taxi car sa voiture est en bas sur le parking à sa place habituelle et celle de son ami, à cheval sur le trottoir, à l'entrée de la résidence… Ils devaient quitter la ville le samedi soir, mais je n'ai pas su quand ils sont partis…

— Son ami habite-t-il avec elle ?

— Non. Mais il vient souvent la voir et la chercher. Ils s'entendent bien, c'est vraiment un beau couple.

— Bien. Est-ce que vous allez rester chez vous, durant la journée ?

— Oui, toute la journée, car ma petite est souffrante et je ne suis pas allée travailler pour pouvoir la garder.

— Nous passerons vous revoir tout à l'heure. Nous sommes de la police. Voici notre carte.

— La police ? Pourquoi, il leur est arrivé quelque chose durant le voyage ?

— Nous ne pouvons rien vous dire, pour l'instant.

Phil et François descendirent. Les pompiers arrivaient au même moment ainsi que l'huissier et le serrurier requis pour cette mission. Ils étudièrent de quelle manière accéder le plus facilement à l'intérieur de l'appartement. Finalement, en l'absence de balcon accessible, le plus simple consistait à forcer la serrure de la porte d'entrée. Elle ne montra pas beaucoup de résistance aux mains expertes du professionnel. À peine ouverte, une odeur violente les saisit à la gorge, suffocante, ne ressemblant à aucune autre… La porte d'entrée, dotée d'un système coupe-feu avait garanti une étanchéité parfaite.

Les deux OPJ pensèrent aussitôt que la mort flottait dans ce logement. Les volets ouverts laissaient entrer la clarté. L'appartement était surchauffé. Ils traversèrent un petit hall ou plutôt un couloir qui desservait, à droite, une chambre, une salle de bain et, au bout, une cuisine. Sur la gauche, une double-porte à petits carreaux donnait sur un grand salon-salle à manger d'où semblait venir l'insupportable odeur. Tout donnait l'impression d'être rangé parfaitement… Puis, ils aperçurent le corps d'une femme allongé sur le canapé. Le bas du dos portait sur l'accoudoir en bois précieux vernis, le haut du corps sur le canapé dans le sens de la longueur, la tête dissimulée sous un coussin. François s'en approcha et, utilisant son mouchoir, le souleva et découvrit le visage de marbre de la femme. La lumière mettait en évidence les yeux exorbités, blancs et ouverts. La bouche béante exprimait la surprise et la frayeur, en un cri muet. Sur le cou, des marques de strangulation bleues presque noires. Une masse de cheveux de jais cascadait de chaque côté de sa tête. Elle était correctement habillée, aucun vêtement en désordre. C'était à présent une beauté blême, tragique. La mort remontait visiblement à de nombreux jours et la chaleur avait accéléré la décomposition.

Craignant de se sentir mal, François se rendit vers la fenêtre, sans l'ouvrir pour ne pas fausser certains indices notamment concernant l'odorologie. Il resta ainsi quelques instants, les yeux posés sur les grands arbres du parc, les traits crispés comme s'il voulait refouler ses larmes. Il ne regardait rien comme le prouvait la fixité de ses pupilles. Sous le choc, ses épaules s'étaient tassées et ses traits durcis, figés comme un masque. Phil s'était immobilisé, trempé de sueur. Le silence total se fit pendant un instant, comme lorsqu'on attend le tonnerre après avoir vu l'éclair. Puis, la vie reprit sa place, François se retourna vers Phil. Ils échangèrent un regard désabusé. Les pompiers s'approchèrent du corps… Phil rappela, instinctivement, de ne rien toucher, sortit son portable et, impavide, appela le commissaire principal de Saint-Nazaire tout en continuant à observer le séjour.

Phil et François demandèrent à tous de sortir en attendant l'arrivée de la police technique et scientifique, du légiste et de tous les spécialistes. Ils parcoururent la pièce du regard pour s'en imprégner, puis la cuisine et, enfin, la chambre d'où ils ne retirèrent aucun élément marquant, ni utile, à première vue, à leur enquête. L'appartement surprenait par son caractère douillet. L'occupante des lieux avait su donner du charme à son logement, le rendre reposant et chaleureux : les couleurs, la décoration, les plantes… Il ne manquait que sa présence vivante.

Bien que tout semblât à sa place dans les différentes pièces, ils se sentaient mal à l'aise. Ils reconnurent un peu partout des photos de la jeune femme, seule ou en compagnie de Michel Le Kerbraz. Le large sourire de cette jolie femme au visage fin ne pouvait laisser deviner un destin si tragique. François regarda son portrait d'un peu plus près. Au fond de ses yeux, noisette sombre, brillait de la malice et son sourire dévoilait deux jolies fossettes dans ses joues. Elle devait avoir la trentaine.

En sortant de l'appartement, François ne cacha pas à Phil que la vue des photos l'avait mis hors de lui et qu'il éprouvait une terrible colère contre le meurtrier et le besoin de le débusquer où qu'il se trouvât.

Il lui assura enfin, les dents serrées :

— Je ne sais pas s'il s'agit du même meurtrier mais, ce suppôt de Satan, il nous faut lui poser la main dessus très rapidement et le remettre à la justice. Je veux savoir qui l'a tuée et pour quelle raison ! Je veux que le criminel paie pour ce meurtre !

Phil lui jeta un regard presque tendre et se contenta de hocher la tête, les yeux dans le vague. Il tentait de chasser la tristesse qui l'envahissait.

Peu de temps après, les techniciens arrivèrent et prirent possession des lieux. Le spécialiste en odorologie intervint le premier, avec méthode et minutie, vêtu d'une combinaison blanche, des gants en latex aux mains et des housses de plastique aux pieds. Cette technique vient de Hongrie. Elle consiste à recueillir l'odeur d'un malfaiteur au moyen d'une ouate spéciale, sur un vêtement, un siège de voiture, un meuble, un local… puis, de la conserver dans des bocaux hermétiques spéciaux. Ainsi, plus tard, afin de confondre un suspect, il suffira de faire renifler au chien de la brigade spécialisée le bocal contenant l'odeur relevée précédemment et de le confronter à un groupe d'individus comportant le suspect. Le résultat est impressionnant et très rapide. L'expérience doit être renouvelée deux ou trois fois consécutivement sous l'œil des caméras afin de filmer le test et qu'il puisse être retenu pour être montré aux magistrats et aux jurés, le moment venu.

Phil se souvenait avoir assisté récemment à une démonstration de ce type et avoir été fortement impressionné. S’agissant d’un meurtre dans un local confiné, cette technique était particulièrement appropriée pour le cas présent. Selon toute vraisemblance, aucune autre personne étrangère à cet acte criminel n’avait dû venir dans cet appartement depuis que le meurtre avait été commis. Pour appliquer cette technique, la situation se présentait rarement aussi bien.

Le commissaire principal vint aussi sur place pour mieux se rendre compte du dossier. Plusieurs heures allaient être nécessaires pour effectuer tous les relevés et examiner chaque pièce dans le moindre détail. Aussi Phil et François décidèrent-ils de revenir à l’Hôtel de police pour interroger Jean-Claude Cuvier d’une façon plus approfondie. L’humeur ne serait guère à la convivialité… Transis d’horreur, ils ne ressentaient pas de compassion, mais de la colère et de l’amertume.

L’espace d’un instant, l’image de la grand-mère de Michel Le Kerbraz s’imposa à eux… Non seulement le destin lui avait arraché son petit-fils mais, en plus, l’amie de ce dernier avait disparu à son tour de façon tout aussi tragique. Elle serait, une nouvelle fois, blessée et isolée par ce malheur terrible. Nul doute que la rage au cœur l’animerait pour le restant de ses jours, avec, en toile de fond, le chagrin.

Le commissaire principal arriva au même moment

que Phil et François au commissariat. Il convoqua également les deux autres collègues à son bureau.

— Ce qui me paraît curieux dans cette histoire, c'est que nous butons sur un "avant" et un "après", le 6 janvier, rendant l'affaire insondable quant à ses motivations. Vraiment, ces meurtres ne tiennent pas debout. Il nous faut trouver le mobile ! Nous allons devoir fouiller le passé des victimes, leur entourage, leur situation financière... tout ! Découvrons des faits, des pistes à suivre pour comprendre les causes de ces drames. Qui a pu s'en prendre à eux ? S'agit-il du même meurtrier ? À l'origine, le meurtrier visait-il une seule personne et laquelle ? Ensuite seulement, par ricochet, a-t-il été amené à envisager d'en exécuter une seconde ?

Sans réponse à ses questions, il se lança dans un exposé magistral sur la distinction entre le tueur non organisé et l'organisé. Selon sa théorie, le premier obéissait à une impulsion, prenait peu de précautions et agissait avec une grande violence. Il relevait de la catégorie des psychotiques. Le second était plutôt considéré comme un pervers : généralement intelligent, bien inséré dans un travail, une fonction, agissant avec froideur, voire avec sadisme. Il conclut alors :

— Dans ce dernier cas, il s'agit le plus souvent d'une personnalité structurée, autant dire que nous allons avoir beaucoup de mal à le trouver.

Le commissaire principal Duval tenta d'établir une liste des pistes possibles : espionnage industriel, jeu pervers d'un concurrent douteux, détenteurs d'informations secrètes ou confidentielles, témoins ou complices d'un fait ou d'un acte grave : lequel ou lesquels ? Sombre trafic… de marchandises, d'argent ? Membres d'une organisation ou d'une action qui aurait mal tourné : secte, règlement de compte politique, syndical, rivalité professionnelle ou autre ? Cependant, il ne détenait aucun message, aucune signature, aucune indication, aucune revendication. Rixe interprofessionnelle ou guerre des clans entre salariés du chantier, intérimaires, travailleurs étrangers, prestataires de service ? Le ou les meurtriers connaissaient, à l'évidence, parfaitement le couple pour faire disparaître le corps de Michel Le Kerbraz sur ses terres natales et Annie Dezruez à son domicile. Qui avait pu commettre ces actes ? Pourquoi ? Qui avait intérêt à les supprimer, à les faire taire ?

La plupart des phrases étaient ponctuées d'un point d'interrogation et reflétaient le malaise qui régnait dans l'esprit de chacun d'entre eux.

Valérie paraissait songeuse depuis quelques instants puis, soudain, elle évoqua son idée :

— Et si c'était un crime passionnel, tout bonnement ? Rivalité ? Jalousie ? Que sais-je encore ?

Les trois hommes se regardèrent, incrédules et écartèrent cette hypothèse en développant, chacun à leur tour, leurs arguments. Puis ils conclurent en considérant que, dans ce cas, le meurtrier aurait supprimé soit son rival soit la personne convoitée, mais pas les deux, de cette manière, au même moment, avec cette détermination et, certainement, cette préméditation.

Un officier de police en tenue se présenta alors au bureau pour déposer une fiche d'informations sur Annie Dezruez.

Elle avait trente ans, mariée très jeune à l'âge de dix-huit ans, divorcée un an plus tard. Pas d'enfant. Jamais remariée. Chef de groupe dans un des services de la société de restauration collective des Chantiers où elle exerçait depuis huit ans. Domiciliée depuis un peu plus de dix-huit mois dans l'appartement où son corps avait été découvert. Parents décédés depuis peu. Restaient un frère et une sœur dans le sud de la France, à contacter. Brune. Taille : un mètre soixante-quinze. Pas d'appartenance syndicale ni politique connue, pas plus d'implication sur le plan religieux ou sectaire…

— Le principal point commun semble être le fait d'exercer dans l'enceinte des Chantiers. Certes, en dehors de la construction proprement dite des navires, mais en relation avec une partie de l'ensemble du personnel venant déjeuner dans son service. Que dire d'autre ? conclut le commissaire principal.

— Qu'il faudrait déjà savoir dans lequel des selfs elle travaillait, car la DRH nous a dit qu'il y en a une douzaine en permanence sur le site, dont l'effectif évolue en fonction de l'activité déployée au fur et à mesure des constructions en cours sur le chantier, précisa Valérie.

— Exact et savoir aussi si Michel Le Kerbraz y déjeunait ainsi que les autres collègues présents le soir du vendredi 6 janvier.

— Effectivement. Il faudra aussi interroger l'ex-mari de cette dame, même si le divorce a été prononcé depuis longtemps et s'il n'y a pas d'enfant, ainsi que le frère et la sœur, sait-on jamais…

— Oui… se contenta de reprendre le patron, peu motivé par cette dernière idée. Il faudra surtout rencontrer son employeur pour l'interroger sur ses qualités de travail et connaître ses relations avec ses collègues, son ami. Savoir si elle a eu d'autres amis, je veux dire intimes, si elle a une vie associative ou des engagements dans la vie privée… répliqua le patron, prenant le ton mielleux d'un avocat interrogeant un témoin.

— Bien entendu, se contenta de répondre Valérie, un peu déçue que son idée ne fasse pas son chemin.

Phil et François regagnèrent leur bureau et demandèrent de faire venir Jean-Claude Cuvier dont l'amie avait été reçue et interrogée.

De son côté, le binôme en tenue venait de rentrer de son quartier de résidence après avoir enquêté sur cette dernière.

— Jean-Claude Cuvier rend visite très régulièrement à sa maîtresse. Il est bien connu dans le quartier à cause de sa moto et de son allure de frimeur.

— Et la jeune femme, qu'a-t-elle dit ? demanda François.

— Les deux collègues qui l'ont reçue certifient dans le PV que Jean-Claude Cuvier se trouvait bien avec elle durant toute la soirée et une grande partie de la nuit du 6 janvier au 7.

— Bon. C'est donc râpé de ce côté-là. Il ne nous restera plus qu'à le relâcher quand nous l'aurons revu.

Quelques minutes plus tard, Jean-Claude Cuvier confirma cette fois, à la minute près, son emploi du temps durant la fameuse soirée, en parfait accord avec les déclarations de sa maîtresse et de son épouse. Il y avait dans ses yeux de la confusion, du regret et de la colère mêlés. Mais il semblait sincère. Phil lui fit signer le procès-verbal, avisa le patron qui en référa au procureur et Jean-Claude Cuvier fut libéré…

En le regardant partir, Phil et François ressentirent un trouble. Ils soupçonnaient Cuvier de leur cacher certaines choses. Certes, il avait fourni des alibis, son emploi du temps et deux témoignages à toute épreuve. Mais, tout de même, subsistait le doute, cette intuition imperceptible mais bien présente chez eux… Une sorte d'angoisse sourde dont ils n'arrivaient pas à se défaire.

Phil et François reprirent la route de l'appartement d'Annie Dezruez pendant que Valérie et Stéphane restaient au bureau pour se consacrer à d'autres tâches relatives à cette enquête. Dès leur arrivée, ils échangèrent avec le légiste qui venait de terminer son travail.

— À mon avis, nous avons affaire à un tueur organisé, méticuleux, calme qui a pris son temps et n'a pas laissé de traces. Décès par strangulation. Il n'a pas violé sa victime… Nous n'avons trouvé sur celle-ci ni sperme, ni ADN, ni cheveux ou salive… Il a dû la projeter sur le canapé et son dos a porté sur l'accoudoir en bois, l'immobilisant de fait. Elle se sera peu débattue car le tueur devait la tenir à l'aide de son corps avec sa force et son poids… comme la victime avait le bras droit bloqué contre le dossier du canapé et le gauche pris sous son corps, elle ne pouvait bouger. Nous ne sommes pas du tout chez un psychotique, genre schizophrène, qui agirait sous le coup d'une pulsion… Non, non, nous sommes en présence de quelqu'un d'ordinaire. Mais, malgré tout, une personnalité complexe, frustrée, sans aucun doute…

— Autant dire que nous avons du travail sur la planche ! Un signe particulier tout de même ?

— Non. Pas la moindre trace de mise en scène, tout au moins à première vue.

— Quelle pourrait être la date du décès ?

— Pour l'instant, je dirais une bonne douzaine de jours environ, plus ou moins un jour ou deux. À préciser après une analyse approfondie.

— C'est-à-dire aux environs du 8 janvier ou, entre le 6 et le 10, c'est bien ça ?

— Oui, c'est ce que je pense, mais je vous le confirmerai.

Le responsable de la police technique et scientifique arrivait au même moment.

— Pas le moindre désordre. Le vol ne semble pas être le motif du meurtre, a priori, pas d'intrusion forcée, la victime devait connaître son meurtrier ou celui-ci serait rentré par surprise en sonnant tout simplement, car la porte ne comporte pas de chaîne de sécurité pouvant bloquer l'ouverture dès lors qu'elle est entrouverte. Nous avons récupéré des scellés : deux verres dans l'évier, deux cannettes dont une de bière et l'autre de jus de fruit dans la poubelle, le téléphone mobile, le répondeur-enregistreur, un agenda dans son sac à main, un répertoire téléphonique, la carte bancaire et différentes bricoles. Nous n'avons pas trouvé d'ordinateur. Nous avons emporté toute la literie qui était en place sur le lit de la chambre et avait été utilisée. Nous avons, par ailleurs, relevé quelques bonnes traces papillaires que nous reverrons avec le FNAED*, même chose avec le FNAEG**. Nous

*Fichier National Automatisé des Empreintes Digitales.
**Fichier National Automatisé des Empreintes Génétiques.

avons balayé tout l'appartement avec une lampe à lumière monochromatique, ceci afin de faire ressortir les indices non apparents. Nous allons pousser les recherches physiques et chimiques par la chromatographie, la spectrométrie. Peut-être, avec un peu de chance, découvrirons-nous quelques débris organiques intéressants…

— Souhaitons-le !

— Nous avons inventorié le contenu de l'appartement, on ne sait jamais ! Dans le frigo, nous avons découvert de quoi faire deux bons repas. La victime devait sans doute envisager de manger avec quelqu'un. Sinon, rien de spécial, pas ou très peu de provisions…

— Normal, elle partait en voyage pour une dizaine de jours…

Phil et François refirent le tour de l'appartement. Si la chaleur avait baissé à présent, grâce à l'ouverture des fenêtres, l'odeur restait tout aussi prégnante. Rien n'attira leur attention. La locataire disparue, l'appartement restait comme un vêtement intime où l'on avait l'impression de ressentir sa présence physique. Ce logement douillet ne reverrait plus le retour de la maîtresse de céans. Des scellés furent aussitôt posés sur la porte, dès leur départ.

Ils décidèrent de revenir interroger la voisine qu'ils avaient rencontrée un peu plus tôt. Elle leur ouvrit, à peine avaient-ils sonné, et les fit entrer. Elle portait des vêtements trop classiques pour être jamais véritablement à la mode. Le canapé, d'une forme affreuse, et deux fauteuils entouraient la petite table du salon. Dans ce petit appartement, tout était à l'économie, jusqu'au mauvais goût, et méticuleusement propre, entretenu pour durer le plus longtemps possible.

C'était une femme de trente-deux ans, avec une certaine carrure, divorcée depuis plusieurs années, le visage ingrat, des traits épais, des yeux noirs sans éclat. Fonctionnaire, elle affirmait descendre d'une famille de fonctionnaires. Malgré un travail dans un poste en autonomie et purement administratif, elle prétendait conserver de l'assurance et une certaine conscience de ses capacités et ne cachait pas que, tout en restant fonctionnaire, elle aurait préféré un métier de contact qu'elle considérait plus enrichissant que son travail solitaire. Une sorte de mélancolie imprégna son visage, à cet instant.

— Excusez-moi, je suis une horrible bavarde ! précisa-t-elle en mettant un terme à son envolée verbale sur ses aspirations professionnelles et en offrant un regard intense et fixe.

— Nous avons besoin de quelques renseignements sur votre voisine… Depuis quand connaissez-vous Annie Dezruez ?

— Depuis son arrivée dans la résidence, cela fait un an et demi maintenant. Nous avons tout de suite sympathisé.

— Lui connaissez-vous de la famille ?

— Elle n'en parlait que rarement. Elle vivrait dans le sud de la France.

— Des amis ?

— Surtout son ami, un type merveilleux…

— Quand l'avez-vous vue pour la dernière fois ? Avant son départ ou le jour de celui-ci…

— Non, la veille. C'est la veille que je l'ai vue pour la dernière fois.

— C'est-à-dire ?

— Vendredi soir, nous sommes rentrées à la même heure, ce qui nous arrive de temps en temps. Nous avons bavardé quelques minutes avant que chacune réintègre son chez-soi. Elle m'avait redit qu'elle viendrait le lendemain, c'est-à-dire le samedi dans l'après-midi, pour me laisser les clefs et quelques petites consignes. Elle devait partir dans la soirée en direction de la capitale pour décoller le dimanche de Paris.

— Est ce que quelque chose vous a semblé étrange dans son comportement ?

— Non… Pas du tout. Toujours aussi douce et heureuse… comme d'habitude… Mais, cette odeur, quand vous avez ouvert chez elle, les pompiers et tout le tintouin… Ne me dites pas qu'elle est m…

Après un temps de silence, François précisa :

— Vous ne reverrez plus votre voisine…

— Oh mon Dieu ! Que lui est-il arrivé ? Et son ami, était-il avec elle ?

— Non. Elle était seule.

— Ce n'est pas possible…

Les yeux hagards, comme quelqu'un qui vient de livrer un combat intense, elle prononça quelques mots, comme pour elle-même :

— Une si jolie et gentille femme, honnête, sincère, exceptionnelle… je ne peux pas le croire.

Elle s'effondra en larmes.

Phil et François attendirent un long moment avant de reprendre.

Ils la regardaient avec compassion.

— Ne voyez-vous vraiment personne dans son entourage qui aurait pu lui en vouloir ou avec qui elle se serait chamaillée ? Essayez de vous souvenir, c'est très important.

— Non, répondit-elle en secouant la tête. Non, sûrement pas, c'était quelqu'un de bien, vous savez. Elle aimait les enfants, ma fille l'adorait, quand elle va savoir ça…

— Avant le vendredi 6 janvier, a-t-elle eu des visites inhabituelles ?

— Non… je ne crois pas, je ne m'en souviens pas.

— Auriez-vous remarqué ou croisé dans l'escalier ou dans le couloir des personnes de son entourage ?

— Non. Je n'ai vu personne.

— Et depuis ? Est-ce que quelqu'un a tenté de la rencontrer en voulant lui rendre visite ? Ou auriez-vous remarqué un bruit suspect ?

— Non.

Elle se mit à réfléchir intensément comme si quelque chose lui revenait. Elle hésita.

— Il y a bien un soir… j'y repense… il était assez tard… un détail curieux qui vous intéressera peut-être…

— C'est-à-dire ?

— Après les informations de vingt heures, ma fille jouait près de la porte d'entrée et elle a entendu ou cru entendre quelque chose, comme si quelqu'un venait chez Annie. Elle s'est précipitée pour venir m'en informer. Je lui ai dit que c'était impossible, qu'elle s'était certainement trompée. Elle a insisté, alors, j'ai fini par aller voir à la porte, mais je n'ai rien vu ni rien entendu.

— Selon vous, de quoi pouvait-il s'agir ?

— D'après ma fille, cela pouvait correspondre à une visite, chez elle, et, ce qui m'avait frappée, c'est l'ascenseur arrêté à notre étage, alors que l'heure ne correspondait pas à celle du retour habituel de nos deux autres voisins de palier. Après, je suis allée coucher ma fille. Sa chambre donne sur l'arrière, je n'ai donc rien entendu ensuite. Pas plus en regardant la télé, devant laquelle je me suis même endormie, c'est vous dire !

— Quel âge a votre fille ?

— Elle va sur ses neuf ans.

— A-t-elle l'habitude d'affabuler ?

— Non. Jamais ! Elle est adorable et très mature.

— Vous souvenez-vous de la date de ce soir-là ?

— C'est simple, c'était le vendredi suivant, donc le 13… C'est même certain car c'est le jour où j'ai joué au Loto…

— Combien d'appartements donnent sur le palier ?

— Quatre en tout.

— Depuis, en avez-vous parlé avec vos voisins de palier ?

— Non. L'un a près de quatre-vingts ans, je ne le vois pratiquement jamais, il est sourd comme un pot et il ne parle à personne, alors… Quant à l'autre, c'est un type qui bosse de nuit, pas causant et une tête pas très sympa, type maghrébin, vous voyez ? Il est parti avant que je ne sois déjà rentrée et revient pour se coucher un peu avant que je parte au boulot. C'est pour cette raison que je vous disais tout à l'heure que l'heure ne correspondait pas au retour des voisins.

— Évidemment, dans ce cas…

Elle se livra ensuite à une description peu amène des deux personnages. Puis la dame repensa à nouveau à sa voisine et se remit à pleurer.

Elle n'arrivait pas à admettre qu'elle ne la reverrait plus. Sa présence lui était précieuse. Les yeux noyés de larmes, elle rajouta qu'elle était belle. Elle charmait par cette impression de gaieté saine et insouciante qui émanait d'elle. Travailleuse acharnée, elle possédait la force et la grâce de l'orgueil.

Les deux OPJ l'invitèrent à ne pas hésiter à les appeler si, toutefois, certains détails ou faits lui revenaient. Même si le renseignement lui paraissait sans importance. Ce qu'elle promit de faire tout en tentant de maîtriser ses sanglots, d'une voix accablée. En quelques instants, toute la misère du monde venait de la rattraper.

Elle les raccompagna à la porte qu'elle claqua mais, sans violence. Juste de la tristesse et toute la colère qui allait avec.

Ils interrogèrent ensuite les deux voisins de palier. Ils correspondaient bien à la description donnée par la fonctionnaire. L'homme âgé ne savait rien et n'apporta aucune information. Quant au travailleur de nuit, sorti de son sommeil, les yeux vitreux, les cheveux hirsutes, il ne fut, non plus, d'aucune aide.

Phil et François décidèrent de rejoindre l'Hôtel de police et de faire mettre en place une enquête de voisinage approfondie par des policiers en tenue.

En revenant à l'entrée de l'immeuble, ils se retrouvèrent face à quelques journalistes venus aux nouvelles, alertés par l'intervention des pompiers. Ils les invitèrent à passer à l'Hôtel de police dans l'après-midi, le temps de convenir avec le commissaire principal de la communication à effectuer. Ceux-ci ne se contentèrent pas de cette réponse et entrèrent tout de même dans l'immeuble à la recherche de quelques renseignements…

Phil et François reprirent la direction de la rue du Général de Gaulle. Ils rejoignirent Valérie et Stéphane occupés à interroger et à renseigner le logiciel de la STIC* sur lequel sont enregistrées et archivées toutes les affaires et procédures réalisées par la police nationale dans toute la France depuis quinze ans environ.

François proposa, pendant ce temps, de se mettre en relation avec la gendarmerie pour faire de même avec leur logiciel équivalent, nommé JUDEX. Ce dernier est moins important car la police nationale, du fait de son implantation urbaine, traite environ soixante-dix pour cent de la délinquance nationale. Ils se demandaient si un rapprochement avec des meurtres en série non élucidés pouvait les mettre sur une voie.

Dans le doute, ils saisirent les données sur le logiciel SALVAC**. Il s'agit de la version française du VIPAC***.

Les deux équipes s'entendaient à merveille et partageaient un abord chaleureux, un solide sens de l'humour et un grand professionnalisme. Phil et François

*Système de Traitement de l'Information Criminelle.

**Système d'Analyse des Liens de la Violence Associée au Crime

***Violent Crime Apprehension Programm Computer, mis au point par le FBI pour traquer les serial killers

jugeaient le binôme nazairien plein de ressources et parmi les plus teigneux engagés qu'ils eussent connus jusque-là.

Dans l'après-midi, ils furent appelés tous les quatre au bureau du patron. Ce dernier commença par écarter l'affaire des jeunes questionnés par les hommes en tenue.

Seul, celui qui pouvait être considéré comme le chef avait été arrêté, les autres remis en liberté sous contrôle judiciaire.

L'un des jeunes s'était montré particulièrement bavard et avait fait de nombreuses révélations. Mais rien concernant les deux meurtres.

— En gros, depuis ce matin, nous venons de faire deux pas en avant et trois en arrière ! s'exclama-t-il.

Chacun s'exprima ensuite sur le travail qu'il avait réalisé. Mais aucune information ne vint ouvrir une porte permettant de donner un fil conducteur à suivre.

À présent, il fallait attendre les résultats de l'autopsie, de la police technique et scientifique, des spécialistes ainsi que du LATS.

Le fait d'être un vendredi signifiait qu'il n'y aurait rien de nouveau concernant les analyses avant lundi matin.

Le patron proposa de boucler les PV et de les saisir sur les différents logiciels.

Il referait le point lundi matin, ce qui laissait le

week-end libre à Phil et François et leur permettait un retour dans leur famille.

Ils avaient tellement redouté d'être bloqués à Saint-Nazaire qu'ils accueillirent cette information avec joie et s'empressèrent d'appeler leurs épouses respectives puis le patron de Quimper.

VI

Lundi 23 janvier.

Le froid persistait depuis quelques jours. Les nappes de brouillard localisées ainsi que des plaques de verglas augmentaient sérieusement le nombre d'accidents sur les routes. Un voile gris plombait le paysage. Une lueur, montant de la ville, semblait se heurter à un plafond cotonneux, posé sur les toits les plus élevés quand Phil et François arrivèrent au petit matin à l'Hôtel de police de Saint-Nazaire.

Ils découvrirent sur leur bureau les journaux de samedi et ceux du jour. Ils commencèrent par prendre connaissance de ceux du samedi. Les gros titres étaient consacrés à leur affaire. À l'intérieur, une page entière développait le récit de la découverte des deux meurtres montrant la photo des victimes, de la maison de Trignac, de l'appartement et relatant, avec une certaine précision, la situation de l'enquête et les questions que la police se posait. Nul doute que les journalistes avaient été bien renseignés. Un tel scoop, un samedi, avait dû faire flamber le tirage sur la ville et dans les environs.

Les pages du lundi ne reprenaient que partiellement celles du samedi et accordaient, cette fois, la part belle aux personnes qui connaissaient les victimes. Le personnel des Chantiers était bouleversé et la nouvelle jetait l'émoi sur la ville de Saint-Nazaire tout entière, ainsi que dans la région. S'enclenchait aussi la psychose sécuritaire. Celle qu'on entend toujours dans ces cas-là, aussi sinistrement stupide que démagogique. S'appuyant sur ces atroces événements pour mettre brutalement au grand jour cet état de fait… Selon les personnes interrogées, les unes s'en prenaient au système pénitentiaire, les autres aux délinquants, à la justice, au gouvernement qui n'en faisait pas assez. Une fois encore, ces commentaires ou ces propos dévoilaient que de nombreuses personnes ne pouvaient s'empêcher de faire part de leur anxiété, notamment depuis les coups de chauffe de l'automne précédent dans les banlieues de certaines grandes villes, avec leur lot de voitures et de bus brûlés, les mesures d'urgence et le couvre-feu.

Comme toujours, la tragédie apportait des satisfactions à ceux qui n'étaient ni victimes ni suspects. Curiosité morbide, mélange d'excitation et d'horreur feinte, si fréquents chez le commun des mortels. S'exprimait aussi un souhait de vengeance. Toujours ce besoin de condamner quelqu'un.

Phil et François restaient songeurs. Au vu de ces deux lourds reportages dans les quotidiens régionaux, le procureur n'allait pas tarder à relancer le patron et à demander des comptes. Valérie et Stéphane arrivèrent au même moment. Valérie, en jean et baskets, avait adopté une tenue décontractée, mais conservait son élégance naturelle. Avec un large sourire, elle interpella ses collègues :

— Vous avez lu la presse ? Pour l'instant, ils sont plutôt gentils les journalistes, mais si nous ne trouvons pas de grain à moudre, vous allez voir que les événements vont vite se retourner contre nous... Du genre : mais que fait la police ?

— Offre-nous le café ce matin plutôt que de dire des conneries ! répondit François, très pince-sans-rire.

Le café n'eut pas le temps de refroidir. Duval, le patron voulait les voir tous les quatre dans son bureau. Le visage fermé, le regard froid, il ne semblait pas d'humeur à plaisanter mais, avait-il... ne serait-ce qu'une fois... eu une telle humeur ?

— Il y a eu de la castagne cette nuit et la nuit précédente entre les trois bandes dont les deux que nous avions partiellement mises en garde à vue puis relâchées vendredi soir. Seul, le chef est sous les verrous. Mes hommes en tenue sont intervenus mais seulement pour faire respecter l'ordre. Car, bien sûr, dès leur arrivée, ils ont tous giclé pour se retrouver ailleurs. Il y a même eu une petite course-poursuite dans les rues. Bref, ce n'est pas bon signe. Je ne sais pas si ces jeunes ont quelque chose à voir avec les deux meurtres mais le petit monde des cités est en effervescence… Qu'en pensez-vous ?

— Impossible de le dire pour l'instant. Que les jeunes ne soient pas clairs c'est certain mais, de là, à être impliqués dans cette affaire, ça… mystère ! Sauf s'il leur a été proposé, par des commanditaires, de remplir un contrat précis, sans leur en donner la raison, répondit François, tandis que les trois collègues approuvaient de la tête.

— Nous devrions avoir les résultats des analyses dans la matinée. Dès réception, je vous appelle et nous aviserons. En attendant, ne négligez aucun détail. Il est impossible que deux meurtres commis de cette manière ne laissent aucune trace… Impossible ! répéta-t-il.

Toujours aussi expéditif, à peine la discussion terminée qu'il appelait dans son bureau les OPJ en tenue qui étaient chargés de l'enquête sur les jeunes des cités. Revenus dans leur bureau, Phil et Valérie se mirent au tableau de papier tandis que François et Stéphane reprenaient les PV et toutes les notes accumulées sur ces deux meurtres. Ils voulaient tenter d'établir un fil conducteur, découvrir un indice à creuser, à retravailler… quand le patron déboula dans leur bureau.

— Y a du nouveau…

— Vous avez les résultats d'analyses du deuxième meurtre ? s'empressa de dire Valérie.

— Non. On vient de me signaler que les pompiers ont été appelés sur le port pour repêcher une voiture. Alors, deux d'entre vous doivent y aller. Je vois également les collègues en tenue…

Le message à peine donné, il avait déjà tourné les talons et, dans le couloir, termina sa phrase :

— Et vous me tenez au courant !

Sans plus attendre, Phil et Valérie se précipitèrent vers leur voiture de service. Valérie prit le volant. Elle passa par la place des Quatre Z'horloges, puis la rue du Général de Gaulle qui communique en droite ligne avec le boulevard René Coty et ensuite la rue du Port.

— Place des Quatre Z'horloges, drôle de nom ! se permit de commenter Phil.

— C'est toute une histoire. Au début du siècle dernier, en 1913, la Société de l'Énergie Électrique de la Basse Loire avait installé des horloges sur la place appelée alors Place Carnot. Après maintes péripéties, elles ont retrouvé la place désormais appelée Place des Quatre Z'horloges ! Mais ce quartier fut surtout un haut lieu avec le Grand Café.

— De quoi s'agit-il ?

— Fondé par le père d'Aristide Briand en 1864, il accueillait la haute bourgeoisie nazairienne. Après diverses reconversions, il a été racheté par la ville et sert aujourd'hui de lieu d'expositions et de réunions.

— Tu me parles là du père d'Aristide Briand… mais, lui-même, a-t-il vécu à Saint-Nazaire ?

— Bien sûr ! Une association Aristide Briand détient d'ailleurs les archives familiales et diplomatiques du grand homme. Il y a vécu de 1864 à 1892.

— Effectivement… et pourquoi n'est-il pas davantage mis en valeur dans cette ville ?

— Je l'ignore. Une rue porte tout de même son nom ainsi qu'un lycée. Mais la ville valorise surtout l'activité des Chantiers. Ainsi, elle propose une exposition sur les transatlantiques. Je t'invite à y aller quand tu reviendras avec ta famille, elle se tient dans les grands bâtiments en béton, là, sur ta gauche, où se situe aussi l'Office de Tourisme. Elle s'appelle Escal'Atlantic, c'est vraiment intéressant… Vous pourrez enchaîner sur trois autres possibilités : la visite du sous-marin Espadon, celle des Chantiers de l'Atlantique ou celle d'Airbus…

La voiture approchait déjà du petit pont mobile de l'avenue de la vieille ville. Ils tournèrent juste avant et vinrent rejoindre, sur leur droite, l'attroupement formé devant le bassin du port de pêche. La silhouette noire des bâtiments qui bordaient le port se découpait à peine dans la lueur sépulcrale que dispensait la brume. Pompiers et badauds se mélangeaient tandis qu'une grue se positionnait le long du quai. Plus bas, sur l'eau, deux plongeurs sous-marins équipés : l'un dans le zodiac et l'autre dans l'eau, attendant l'élingue qu'ils pourraient passer pour remonter la voiture. Deux voitures de policiers en tenue arrivèrent au même moment et firent rapidement établir un périmètre de sécurité, écartant les badauds.

Un pâle soleil tentait vainement de percer la couche brumeuse. Il faisait froid et humide. Le bassin exhalait son haleine portuaire en gris sur gris. Quelques petits bateaux de pêche étaient amarrés là, coque contre coque, le long du quai. Immobiles, ils semblaient attendre sagement le retour de leur maître. Quelques mouettes piquaient à la verticale du pont tournant. Au-dessus, des goélands ricanaient nerveusement.

Passé les beaux quartiers, les atours du port devenaient oripeaux. Pour Phil, cette ville semblait divisée en deux. D'un côté, de grandes avenues claires, l'écomusée, la mairie installée dans un bâtiment moderne derrière les jets d'eau du bassin, des brasseries de standing, des clubs de notables, des galeries d'art, des magasins et, de l'autre, les rideaux crasseux de certains cafés, des secteurs mal fréquentés et leurs bars douteux où l'on rencontre la drogue, et la prostitution, régulièrement éradiquée mais tout aussi spontanément recréée. Deux mondes que tout oppose et séparés, bien souvent, simplement par une rue.

— Je te trouve bien songeur, lui dit Valérie, en s'approchant de lui, le sortant ainsi brutalement de sa rêverie.

Tandis que l'élingue glissait silencieusement dans l'eau noire du port et qu'il attendait la remontée du véhicule, Phil lui fit part de ses réflexions. Elle lui répondit aussitôt :

— Tu sais, ici, c'est comme dans toutes les villes, entre deux mondes, un rempart invisible, mais d'une redoutable efficacité, a été érigé : le prix au mètre carré ! Le choix du camp se définit naturellement par les moyens financiers. Comme partout, seuls les riches occupent les meilleurs sites, la vue imprenable… Alors, vois-tu, moi, dans tout ça, je suis bien contente de rentrer chez moi chaque soir dans ma Brière ! Là-bas, pas de clan, la nature intacte et si belle… l'égalité pour tout le monde !

Le toit de la voiture apparut puis le véhicule tout entier. Un corps se distinguait très nettement côté passager ! Personne ne se tenait au volant. L'image de la voiture sur le port du Corniguel s'imposa à Phil l'espace de quelques secondes. L'histoire recommençait-elle ? L'eau coulait à flots du véhicule et le grutier attendit un instant, au-dessus de la surface, avant de le déposer sur le quai. La plaque d'immatriculation portait le numéro quarante-quatre, Phil appela aussitôt François pour le lui communiquer afin qu'il interroge le FFV*.

La réponse ne se fit pas attendre. Voiture volée dans la nuit de samedi à dimanche, en pleine ville de Saint-Nazaire. A priori, le propriétaire n'aurait aucun lien

*Fichier des Véhicules Volés

avec les Chantiers. Restait à vérifier pour les autres membres de la famille de ce dernier.

Ils s'approchèrent du véhicule au moment où arrivaient le légiste ainsi que l'équipe de la police technique et scientifique.

Le plongeur continuait à fouiller les alentours de l'endroit où la voiture avait été retirée, à la recherche d'un éventuel chauffeur. L'eau trouble et le temps couvert n'arrangeaient pas son travail.

La carrosserie n'avait pas été endommagée. Même les vitres étaient restées en place ; seule la portière, côté chauffeur, était ouverte et laissait se déverser le contenu liquide.

En le regardant de plus près, Valérie s'exclama aussitôt. Il lui semblait qu'il s'agissait d'un des jeunes arrêtés la semaine précédente et relâchés vendredi.

— Je n'en suis pas certaine, mais il se pourrait bien… En tous les cas, il me paraît avoir été sérieusement amoché avant d'aller prendre son dernier bain dans le port !

— Appelons l'OPJ qui les a interrogés.

— Je m'en occupe.

Le légiste poursuivait son étude anatomopathologique, examinant avec attention chaque détail sur la victime avant de procéder au décrochage de sa ceinture et d'envisager de la sortir du véhicule. Le séjour dans l'eau, même de courte durée, ne simplifiait pas la tâche de l'équipe de la police technique et scientifique. L'homme put être extrait de l'habitacle. Il n'avait aucun papier ni signe particulier. Phil s'approcha du légiste.

— A priori, serait-il mort avant ou après le grand plongeon ?

— Impossible de répondre pour l'instant. Une chose est certaine, au vu de la bouffissure de ses traits, il en a pris plein la gueule avant d'être plongé dans le port. De là, à dire qu'il était mort avant, c'est prématuré. Mais je vais procéder rapidement à l'autopsie, car votre patron m'a appelé et je vous tiendrai informés.

Phil et Valérie patientèrent encore quelques instants en attendant l'arrivée de leurs collègues, tapant la semelle sur le quai, pieds gelés et dos frissonnant. Ils en profitèrent pour discuter avec un des spécialistes qui, pour l'instant, photographiait tout ce qu'il pouvait et relevait le maximum d'informations sur le véhicule. Mais ils n'obtinrent pas d'indications intéressantes. Enfin, l'OPJ en tenue survint. Sans perdre de temps, il examina la victime.

— C'est bien notre bavard de vendredi. C'est celui qui nous a fourgué le plus de renseignements. Ça sent le règlement de compte à plein nez !

Valérie se contenta de considérer son collègue d'un œil incrédule.

Sur la route du retour vers l'Hôtel de police, pleine

de ressentiment et de douleur, elle confia à Phil qu'elle ne croyait pas à la thèse communément admise par le patron concernant les deux premiers meurtres.

— L'histoire de secrets professionnels ou de je ne sais quelle organisation groupusculaire, je ne peux y croire à aucun prix. Pour moi, c'est plus une affaire de jalousie, de crime passionnel…

— Et le troisième meurtre, dans ce cas ?

— J'avoue qu'il complique mon point de vue. Il peut aussi ne rien avoir affaire avec les précédents.

— Certes ! Il n'en demeure pas moins que nous retrouvons la façon de procéder à Quimper…

— Peut-être ne s'agit-il que d'une simple coïncidence…

Valérie cessa de discuter pour réfléchir. Elle semblait soudain partie on ne sait où, l'esprit emporté par son idée de départ ou son intuition. Elle trouvait cette affaire si tragique qu'elle en était atterrée. La vérité lui échappait, aussi s'entêtait-elle à la poursuivre, à la traquer et se soumettait-elle au feu de ses propres interrogations, à la charge incessante de son incrédulité, à la pression qu'elle se mettait elle-même avec un acharnement inépuisable.

Ils se considérèrent un instant en silence, incapables d'évaluer la distance qui les séparait dans cette enquête. Quelle différence entre ces deux êtres ? Lui, si détaché, pour qui rien ne paraissait avoir d'importance, tout au moins en apparence. Elle, si concernée, pour qui tout semblait essentiel. Pourtant, quelque chose de commun les unissait… une détermination qui balayait tout sur son passage pour les mener jusqu'au résultat final.

Foutu métier que celui d'OPJ ! pensa Phil. Une enquête ne cessait jamais de le préoccuper. Il ne l'oubliait qu'en de rares instants. Le visage ou l'aspect des victimes le poursuivait, le reliait en permanence à la mort par ses liens invisibles. Même le fait de rentrer chez lui, dans sa maison, au sein de sa famille, ne suffisait pas toujours à créer le décalage. La réflexion se poursuivait. La tension demeurait. Il se demanda : « comment Valérie, seule aujourd'hui, peut-elle assumer ces pressions, une fois rentrée chez elle, en Brière ? » Il l'imagina quelques instants, dans sa jolie chaumière dissimulée dans les halliers et les roseaux, en référence aux photos que son épouse lui avait montrées lors d'un reportage sur la Brière…

Le passage devant l'hôtel de Ville, situé sur leur gauche, rappela à Valérie une chose dont elle voulut faire part à Phil, le sortant ainsi de ses pensées :

— Tu vois, ici, dès les beaux jours, quand il fait chaud, sous ce baldaquin de verdure vit toute une communauté de SDF et autres marginaux. Mais ces lieux restent néanmoins calmes et sans heurts.

— En regardant l'Hôtel de Ville, cela me fait penser que j'ai trouvé curieux qu'il tourne le dos à la mer, paradoxal, non ? Dans une ville au caractère si maritime… qui, de surcroît, voudrait s'appeler Saint-Nazaire-sur-Mer…

Valérie ne répondit pas et resta songeuse, pensant sans doute à tout autre chose.

De retour à l'Hôtel de police, le brouillard s'était enfin levé, un soleil blanc et brillant projetait une lumière fine sur l'humidité de la ville. Ils se retrouvèrent avec les OPJ en tenue dans le bureau du patron. Ce dernier détenait toutes les informations connues pour l'instant, se rapportant au troisième meurtre. Après un court silence, il interrogea ses équipes :

— Vous connaissez la théorie du chaos de James Gleick ?

— Non ? répondirent-ils, presque en chœur.

— Quelque part au fin fond de la forêt amazonienne, un papillon bat des ailes. Conséquence ? À l'autre bout du monde, une tempête se déchaîne ! Ici, c'est pareil. Nous retrouvons une voiture dans les eaux tranquilles du port de Quimper avec, à l'intérieur, un macchabée… Conséquence ? Les choses se compliquent à l'autre bout de la région, à Saint-Nazaire ! Vous avez le dossier de la victime ? demanda-t-il à l'OPJ en tenue.

— Oui. Il s'agit de Florent Bousseau, vingt-cinq ans, déjà titulaire d'un palmarès de petits délits à son actif : complicité de vols de cyclomoteurs, de voitures, détenteur de drogue, recel… bref, des bricoles et simplement des peines avec sursis jusque-là. Cela, c'était surtout lorsqu'il avait entre dix-huit et vingt-deux ans. Depuis, il n'a plus été impliqué dans des affaires connues. Il a accumulé les petits boulots en CDD ces derniers temps, et donnait l'impression de vouloir s'en sortir.

— Les parents ?

— Le père s'est barré depuis longtemps. La mère ne travaille pas et me semble plutôt larguée. Une vie en roue libre.

— Difficile, dans ce cas, de s'en sortir…

— C'est le seul qui se soit mis à parler l'autre jour. Il nous a même dit qu'il en avait marre de tout ça… la cité, les bandes, les combines de merde et qu'il voulait se casser pour s'en sortir… Alors, il a tout balancé.

— Ce qui pourrait vouloir dire que ce cas précis ressemble plutôt à un règlement de compte et n'aurait rien à voir avec l'affaire des deux meurtres précédents, selon vous ?

— C'est ce que je pense.

Ils échangèrent quelques instants sur cette nouvelle évolution. Chacun esquissant son idée mais sans faire véritablement avancer l'enquête. Finalement, le patron décida que Phil et l'officier de police en tenue accompagnés d'un représentant de la mairie se rendraient au domicile de la victime pour prévenir la mère et en profiter pour s'informer de la date de disparition du jeune Florent, puis tenter de se renseigner sur les personnes qui auraient pu faire le coup, quitte à pratiquer une volée d'arrestations derrière.

Dans un véhicule aux couleurs de la police nationale, Phil et l'officier de police en tenue se rendirent à l'Hôtel de Ville afin de prendre en charge un élu, puis, ils se dirigèrent vers la cité du jeune homme.

Le temps et les intempéries avaient conféré une couleur gris sale à l'immeuble. Ils entrèrent dans le hall crasseux maculé de tags et de graffitis puis dans la cabine d'ascenseur au même décor. Une impression de tristesse et de pauvreté s'en dégageait. Une odeur de choux, de rance, voire d'urine et de vomi montait de la cage d'escalier. Au-dessus d'eux, le moteur de l'ascenseur ronronnait. Tout en montant, un bourdonnement de rires et de musiques disparates sourdait des différents étages. Des cris aussi, çà et là. Des gosses qui jouaient.

Sans échanger le moindre mot, ils sortirent sur le palier sombre et se présentèrent à la porte du domicile. Ils sonnèrent. Un chien aboya. Une vieille dame vint ouvrir, vêtue de façon austère, presque raide, la contenance grave, fragile, très maigre, ratatinée. Elle avait l'air d'un moineau effrayé. Ses yeux clairs les transperçaient.

Ses cheveux fins et gris, tirés vers l'arrière, étaient plaqués sur son crâne. Son visage recelait une volonté tranquille et inflexible : la détermination de ceux que plus rien ne peut ébranler.

Un petit chien, un teckel, après quelques jappements, vint flairer les mollets des visiteurs puis retourna aussitôt vers l'intérieur. Ils se présentèrent.

— Vous êtes de la police ? La vieille dame les fixait comme hébétée. C'est encore un des gosses qui a fait des siennes, je vous appelle la mère ! Moi, je ne suis que la vieille grand-mère qui fait vivre la tribu avec la pension de mon mari…

Elle tourna les talons sans autre forme de politesse et disparut.

Une énorme bonne femme se présenta à l'entrée, lamentablement maquillée. Les cheveux gras, les joues grenues, sorte de sorcière hydropique. Elle portait une robe noire, large, très large. Le réel et l'irréel basculèrent brutalement quand ils annoncèrent le sens de leur visite.

Elle s'efforça de tenir debout devant eux, retenant ses larmes et tout ce qu'elle devait éprouver et ressentir. Puis, dès les premières questions de l'officier de police, elle cria sa colère et balança quelques noms de jeunes qui ne cessaient de tourner autour de son fils pour le détourner du droit chemin qu'il tentait de prendre.

Ils apprirent qu'il avait passé la nuit de vendredi à samedi à l'appartement et, samedi matin, il avait annoncé son intention de partir à Nantes pour y vivre et travailler. Il devait rejoindre une copine aussi. Malgré une apparence douteuse, la femme se montrait forte moralement et saine d'esprit dans son raisonnement… même si un éclair courroucé brillait toujours dans ses yeux. Elle paraissait plutôt absente comme si elle voulait offrir un visage impénétrable, vidé de ses émotions, tourné vers elle-même. Peut-être voulait-elle se soustraire à l'impuissance de sa situation et échapper à la terrible réalité. L'officier en tenue n'insista pas et nota les quelques noms dont certains ne lui étaient pas inconnus.

Ils parlaient bas comme dans un lieu de culte puis, ils lui présentèrent leurs condoléances sur le palier car elle ne les avait pas fait entrer. Ils lui précisèrent qu'elle serait prévenue quand elle pourrait voir son fils. Celui-ci se trouvait, pour l'instant, à l'institut médico-légal. N'ayant plus rien à dire, ils se préparèrent à partir quand la femme ferma la porte en la claquant et ils l'entendirent pleurer cette fois très fort ; elle avait résisté jusque-là pour ne pas se laisser aller devant des étrangers et, à plus forte raison, devant la police… Toutes ses émotions devaient se bousculer : l'angoisse, l'accablement et le ressentiment. Des visions folles devaient envahir son esprit et s'y agripper comme du chiendent.

L'esprit perturbé, le ventre et le cœur brouillés, ils redescendirent pour rejoindre leur voiture.

Des mômes au teint mat jouaient dehors au pied de l'immeuble, improvisant un match de football avec un ballon en cuir flambant neuf. Ils criaient tout haut les noms de leurs idoles. Ils étaient, eux-mêmes, à ce moment-là, des demi-dieux adulés des foules. Leurs voix résonnaient sur les murs tels les rebonds du ballon sur le sol. Un autre groupe de jeunes, spectateurs impassibles, attendait autour de la voiture. Ils s'écartèrent silencieusement au vu de la mine défaite des trois hommes. Connaissaient-ils déjà la raison de leur visite ?

Ils restèrent muets sur la route du retour. Ayant déposé l'élu, l'officier de police en tenue se livra alors à Phil. L'homme avait des traits énergiques, des yeux aux reflets métalliques et une grande assurance dans la voix, celle des gens qui savent ce qu'ils veulent dans la vie.

— Je vais mettre mes hommes sur le coup et nous allons les ramasser vite fait, ces petits cons… Je vois bien de qui il s'agit. La victime était certainement un des moins mauvais de tous ceux du quartier. Dommage qu'il n'ait pas eu le temps de se tirer pour de bon !

— Et quelle est la position du chef que vous avez mis sous les verrous ?

— C'est par lui que nous allons commencer. Il va falloir qu'il “cause”. Il est certainement à l'origine de tout ce qui s'est passé depuis vendredi. Son ou plutôt ses nervis ont agi pour lui. Il a très bien pu donner ses consignes vendredi soir à l'un d'entre eux qui s'est ensuite chargé de la besogne…

— Il est puissant ?

— C'est un type très complexe. D'un côté, il semble être un jeune homme extrêmement loyal et, de l'autre, c'est un émotif instable. Il est, à la fois, ce qu'il prétend être et ce qu'il cache. Comme s'il craignait quelque chose. Parfois, j'ai l'impression qu'il lutte contre son passé. Je l'ai vu s'arrêter au milieu d'une phrase anodine, comme s'il avait peur de se trahir, comme s'il craignait de révéler quelque terrible secret… Mais, nous allons le "cuisiner" à mort. Le fait de lui coller les trois meurtres sur le dos dont les deux premiers sur lui seul, va sûrement lui débloquer les méninges ! L'ombre des assises fait généralement réagir.

— Espérons-le !

Phil appréciait d'entretenir de bons rapports avec les collègues en tenue. Bien souvent, chacune des deux polices craint de voir l'autre tenter de lui faucher, sous le nez, une affaire susceptible de valoir beaucoup de gloire à qui la résoudra. Fort heureusement, ici, ce n'était pas le cas, ce qui ne pouvait que simplifier la poursuite de l'enquête. Tout le monde travaillait dans le même sens.

Après le déjeuner, le patron convoqua, une nouvelle fois, ses équipes en charge de la principale "affaire du moment".

L'officier de police en tenue s'exprima le premier. Les arrestations des jeunes s'étaient bien passées.

Déjà, l'un d'entre eux avait lâché prise, reconnaissant que, sur ordre du chef, ils avaient tabassé à mort le jeune Florent. Un cadavre sur les bras, ils ont eu l'idée, au vu des articles concernant les meurtres figurant dans la presse de samedi, de l'installer côté passager dans une voiture volée pour la circonstance et de tout balancer dans le port, question de créer une similitude et tenter de faire croire qu'il pourrait s'agir de la même affaire.

— Comme quoi, les informations et les faits divers dans les médias donnent des idées aux malfrats ! se contenta de s'exclamer l'officier de police en guise de conclusion.

— Bon. Vous bouclez cet aspect du dossier. Mais, tout ça ne nous apprend rien de plus sur les deux autres meurtres.

— Non. Mais, à défaut d'autres prises, je veux bien pousser un plus loin les investigations du côté des cités… J'ai notamment retrouvé sur la main courante une altercation, cela fait quelques mois, entre certains jeunes et le cher Jean-Claude Cuvier…

— Tiens, tiens, tiens ! s'empressèrent de réagir Phil et François. Ceci peut être intéressant…

— Je le crois bien… Je vais creuser cet aspect avec mes gars. Est-ce que je fouille davantage autour des jeunes des trois cités, question d'étudier leur passé, leurs activités, de voir s'ils ont des relations avec les Chantiers ? demanda l'officier au patron.

— Vu les tranches d'âge et l'absence de qualification, autant chercher un spécialiste de l'herméneutique hégélienne au sein même des bandes des quartiers !

Ceci stoppa net l'officier de police. Interrogateur, le patron observait les quatre autres officiers de police judiciaire. Il leur appartenait dorénavant de trouver quelques éléments à tout prix, sinon, ils auraient rapidement des comptes à rendre. Déjà, le patron semblait s'impatienter…

— Il nous faudrait les résultats de l'autopsie, des analyses des scientifiques et du LATS pour avancer sur cette affaire, se risqua François afin de réagir et pour couvrir momentanément ses trois collègues.

— Je sais. Je les attends aussi, je vais les relancer ! Mais, remuez-moi ciel et terre pour découvrir un indice quelconque car le proc ne va pas tarder à poser des questions et à s'agacer… Quand je dis s'agacer, je devrais, plutôt dire, NOUS agacer !

Ils se séparèrent et chacun prit la direction de son bureau.

François semblait soucieux et, avant de rejoindre sa place, demanda :

— Mais qu'est-ce que le patron a encore voulu nous dire avec son histoire « d'hermétique… je n'sais quoi ? ».

Si Valérie et Stéphane se posaient la même question, Phil éclata de rire.

— Mais non, François, d'herméneutique hégéliennee. L'espace de quelques instants, ceci m'a replongé dans mes meilleurs cours de philo, quand j'étudiais ce cher Friedrich Hegel. Ce philosophe allemand... Mine de rien, votre patron m'a l'air d'être “une tête” en philo ! Je me trompe ? demanda Phil à Valérie et Stéphane.

— Oui, plutôt ! Il a un niveau bac plus je ne sais combien d'années ! Il aurait pu faire une sacrée carrière en dehors de la police...

— Ce matin, il nous a servi le chaos de James Gleick, cet après-midi, du Hegel, qu'est-ce qui nous attend demain ?

— Je n'sais pas. En tous les cas, nous avons intérêt à trouver quelque chose à nous mettre sous la dent, rapidement, avant que ça nous pète à la gueule ! Nous avons déjà donné à Brest ! rajouta François, un ton plus bas, très contrarié.

Personne ne releva le dernier propos. Valérie semblait perdue dans ses pensées et peu intéressée par ce qui se disait.

Elle proposa :

— Je suggère que Phil et Steph aillent nous chercher un café et que nous nous remettions au boulot pour établir une récap.

— OK, c'est parti ! répondirent les deux collègues tandis que Valérie et François rejoignaient leur poste.

Phil n'était pas mécontent de se retrouver seul

quelques instants avec Stéphane. Depuis un certain temps, une question lui trottait dans la tête.

— Stéphane, je voulais te demander quelque chose.

— Oui ?

— J'ai remarqué, à plusieurs reprises, que Valérie voulait orienter les recherches plutôt vers le crime passionnel, la jalousie… et que le patron ne mord jamais à cette idée. Pourtant, ça ne me paraît pas idiot.

— Peut-être… Le problème, c'est que Valérie n'est pas forcément très objective ni impartiale sur le sujet…

— Ah ? Et pourquoi ?

— Tu connais son histoire ?

— Non, je ne vois pas de quoi tu veux parler.

— Tu sais qu'elle est divorcée ?

— Oui. Elle m'a dit que son mariage avait été un fiasco…

— En fait, il faut savoir qu'avec nos horaires à la con… un coup, tu rentres tard, un coup, tu ne rentres même pas… Son mari était plutôt du style fonctionnaire et dragueur, pour ne pas dire un brin cavaleur, alors, un soir, Valérie a rejoint son domicile, alors que cela n'était pas prévu. Elle était souffrante, tout bêtement. Et elle a découvert une copine à elle dans son lit, avec son mari… Elle a failli péter les plombs. Elle a sorti son arme de service, a menacé les deux “saute-en-l'air” qui sont partis en courant à poil dans la nature ! Elle aurait même tiré sans les viser… C'est une affaire qui a failli aller très loin. Le patron l'a couverte à mort sur ce coup et il n'y a pas eu de suite, sinon, je n'te dis pas ! Les choses auraient pu très mal tourner pour son matricule !

— Effectivement. Je comprends mieux. Et alors ?

— Depuis, elle voit des drames de la jalousie ou de la tromperie partout ! Si bien qu'on ne relève pas trop, on tempère. Mais, quelque part dans sa tête, son idée s'affirme tranquillement et je n'aime pas trop, je ne voudrais pas qu'elle se fasse du mal inutilement. C'est une femme plutôt tourmentée. Elle porte en elle cette tragédie comme un cri qu'elle n'a pas encore appris à faire taire.

— J'imagine sa douleur.

Stéphane approuva de la tête. Il laissa passer un silence et rajouta :

— Valérie… c'est vraiment une fille bien. Nous devons la protéger et l'aider. D'accord ?

— D'accord. Je le glisserai à François.

Ils prirent les cafés et regagnèrent leur place auprès de Valérie et de François qui s'impatientaient de ne pas les voir revenir. En s'installant, Phil repensait aux propos de Stéphane et, à présent, ne voyait plus Valérie de la même manière et regrettait même d'avoir eu cette dernière information. Il détailla les traits fatigués de sa collègue, le regard incroyablement dur. Il savait qu'elle n'avait pas dû s'arrêter de chercher partout durant le week-end ni de tenter de remonter une piste…

Ils passèrent des heures, inlassablement, à rechercher le détail qui avait pu leur échapper et qui pouvait avoir une importance dans la suite de cette affaire. En vain.

Il y avait bien ce bruit perçu par la fille de la voisine d'Annie, comme une visite à l'appartement d'Annie Dezruez, était-ce possible ?

Pour quelle raison le meurtrier serait-il revenu sur les lieux du crime ? Et si cette visite avait bien eu lieu, s'agissait-il du meurtrier ou d'un autre visiteur ? Détenait-il la clef d'entrée de l'appartement ? Dans ce cas, pourquoi ?

Le patron débarqua. Le LATS venait de lui apporter ses résultats.

— Au vu des éléments, les choses se compliquent. Le portable de Michel Le Kerbraz a appelé le numéro fixe d'Annie Dezruez quelques minutes avant la date et l'heure déterminées par les scientifiques comme étant celles de l'immersion du véhicule dans l'Odet. L'antenne du réémetteur situe le lieu de l'appel au port du Corniguel. Puis, une heure après, nouvel appel chez Annie Dezruez, toujours sur le fixe, mais cette fois de Quimper ! Vérification faite, l'appel provient d'une cabine publique située près de la poste, boulevard de Kerguelen. Vous, les Quimpérois, vous devez la situer ?

— Effectivement, je vois très bien, répondit François, les cabines sont installées le long de la poste à l'angle de la rue, c'est pratiquement en droite ligne avec la rue Théodore Le Hars, c'est-à-dire la rue du commissariat !

— C'est presque de la provocation ! surenchérit le patron.

— Ou de l'ignorance tout simplement, objecta Phil. L'important est de savoir, s'il s'agit du meurtrier ou d'un complice, car, en l'occurrence, ce ne peut être le propriétaire du portable, ce dernier se trouvant au fond de l'Odet !

— Si c'est le meurtrier, il peut être complice d'Annie Dezruez et vouloir lui rendre compte. Puis, plus tard, revenir la voir, ne plus être d'accord avec elle et la supprimer, lui, ou un complice…

— Hypothèse possible, rétorqua le patron.

— Ou il peut aussi y avoir deux meurtriers : un qui a opéré à Quimper, l'autre qui se trouve chez Annie Dezruez et qui attend le résultat soit pour commettre son meurtre soit pour quitter l'appartement, exécution déjà faite, proposa Valérie.

— Tout aussi vraisemblable… accepta le patron.

Puis il rajouta :

— Pour l'instant, pareil au Kim de Kipling, notre meurtrier est insaisissable. Croyez-vous qu'une femme ait pu faire une chose pareille Valérie ? interrogea-t-il ensuite.

— Je crois que les femmes sont capables de se comporter exactement comme les hommes, répondit-elle aussitôt.

Il était possible d'imaginer plusieurs cas de figure. Michel Le Kerbraz était-il venu, le vendredi soir, rendre visite à Annie ? Dans ce cas, à quelle heure ? Sa voiture se trouvait bien là depuis cette date vraisemblablement, mais personne ne l'avait vu arriver dans la résidence. Qui d'autre serait venu ? Aucun résidant ne put le dire. Bien des questions restaient sans réponse…

La sonnerie du téléphone interrompit momentanément leurs réflexions.

Le légiste venait donner ses premiers renseignements sur l'autopsie. Le haut-parleur permit à toute l'équipe d'en profiter.

— La strangulation est bien la cause du décès d'Annie Dezruez, ceci n'est un scoop pour personne. Le meurtrier ne s'est pas servi d'un lien ni d'un fil mais plutôt d'un tissu, tel un foulard, mais nous n'avons retrouvé aucune trace de celui-ci. Nous pourrions situer le meurtre dans la journée du samedi 7 janvier, je dirais vers midi environ. Pas de trace d'alcool, de drogue ou d'un somnifère quelconque. Par contre, et ceci est important, la victime était enceinte de deux mois…

— Peut-on savoir si le géniteur est Michel Le Kerbraz ?

— J'avais bien pensé que cette information vous intéresserait, aussi ai-je devancé la demande. Il s'agit bien de lui ! Sinon, pas de brutalité physique, d'acte sexuel, ni dans la journée, ni la veille. Le meurtrier a surpris sa victime en la coinçant sur l'accoudoir du canapé et en lui bloquant les bras. Il pourrait s'agir d'un homme, plutôt fort physiquement… Quoique, pas obligatoirement, de la manière dont elle s'est retrouvée coincée, la victime ne pouvait, quoi qu'il en soit, rien faire pour se défendre.

— C'est maigre tout ça. Nous n'avançons guère. Avez-vous les premiers éléments concernant le jeune homme découvert ce matin dans le véhicule sorti du port ?

— Oui, j'en ai profité pour l'examiner immédiatement car je sais que les affaires sont liées. Il s'avère qu'il a dû être mis dans la voiture et laissé pour mort, au vu du tabassage en règle. Cependant… il vivait encore… car il a faiblement respiré et avalé de l'eau avant de décéder presque aussitôt. Je termine l'examen et je vous télécopie les conclusions dès que possible.

Les réflexions reprirent afin de tenter d'élaborer une hypothèse plus précise.

Ils attendaient encore les résultats des scientifiques. Peut-être permettraient-ils d'avancer un peu plus ?

L'officier de police en tenue vint les rejoindre,

fièrement, tenant entre les mains les aveux circonstanciés des responsables du tabassage du jeune Florent. Plus de doute, ils avaient agi sur ordre du chef mis en examen le vendredi précédent.

Quant à l'altercation survenue entre Jean-Claude Cuvier et quelques jeunes de la bande, elle serait arrivée devant le bistrot situé près de la gare. Se connaissaient-ils ? Étaient-ils en compte dans une affaire commune ? Rien ne permettait de le savoir, pour l'instant. Le patron demanda à Phil et à François de retourner au bar le soir même afin d'éclaircir cela.

— Bon, dit-il, je crois que nous allons devoir présumer qu'il y a un lien entre toutes ces affaires, sinon, nous n'avons aucun point de départ ! Aucun.

La ville tout entière était à nouveau enserrée dans une brume sourde. Le ciel gris et bas retenait ses eaux, juste avant la nuit. L'après-midi touchait à sa fin et s'éclipsait presque en traître, avec une haleine plus humide que glacée. Le froid avait lâché prise dans la journée avec la venue du vent du large qui avait radouci la température, s'insinuant dans les recoins les plus infimes des rues. Le quartier était bien calme quand ils se garèrent presque devant le bar proche de la gare. L'enseigne au néon grésillait. Les lettres lumineuses déversaient un halo de lumière pâle sur la vitrine du bistrot.

Cette fois, pas de match de foot à la télé et bien moins de clients. Les habitués fixaient l'écran avec la mâchoire légèrement relâchée du spectateur qui s'en fiche, figés devant un jeu télévisé qu'ils regardent sans enthousiasme, faute de mieux. Nous étions loin des passionnés excités de l'autre soir. Les lumières bleuâtres donnaient à leurs visages un aspect vaguement cyanosé. Ils découvrirent un peu mieux le décor : murs et plafond jaunis par le tabac, sol vieilli, usé de milliers de pas ivres et de piétinements de rencontres d'un soir. Au bar, on pouvait croiser d'anciens notables côtoyant de vieux hippies sur le retour, échangeant anecdotes et points de vue sur l'actualité et les faits divers quotidiens.

Le patron, toujours aussi maigre et portant la même tenue que lors de la précédente visite, reconnut aussitôt Phil.

— Tiens, vous avez changé de collègue depuis l'autre soir ? Je croyais que dans la police les couples étaient inséparables…

— Eh non, c'est comme dans la vie, il y a de plus en plus de ruptures et de séparations ! se contenta de répondre François.

Dès les premières questions, le cafetier précisa qu'il continuait à voir régulièrement Christian Le Lann, mais toujours pas de signe de vie de Jean-Claude Cuvier.

Ils remarquèrent sa voix grave, légèrement éraillée. Abus de tabac, certainement. Son regard était direct et ses yeux toujours aussi perçants.

— Justement, à propos de ce dernier, vous souvenez-vous d'une altercation entre lui et quelques jeunes de Beauregard, du Petit Caporal ou encore de la Bouletterie ?

— Oui, je m'en souviens très bien. Mais ça remonte à l'année dernière…

— Est-ce qu'ils se connaissaient bien ou semblaient se connaître ?

— Qui ça, Cuvier et les jeunes ?

— Oui… c'est bien ma question, s'agaça François.

— Non. Pas du tout. Rien à voir entre eux. Pas le même monde. Cuvier, c'est le frimeur qui fait baver les jeunes désargentés avec sa "meule" rutilante et flambant neuf. Il occupe un bon poste aux Chantiers. Les autres n'ont pas une tune, alors ils rêvent… Et, ce soir-là, ils ont voulu la toucher, cette moto et un jeune est même monté dessus, mais sans intention de la détériorer ni de la piquer. Juste s'asseoir dessus pour voir comment ça fait. Cuvier a vu rouge, il est sorti en furie du bar, a topé le jeune par le colback et lui a fichu deux claques. Les autres n'ont pas bougé, au vu de la carrure de Cuvier, ils se sont tous barrés, piteux, en lançant quelques menaces à peine voilées. Mais, comme font la plupart des jeunes de ces quartiers… De là à passer de la parole aux actes…

— Et vous vous souvenez précisément des menaces ?

— Non. Je ne pouvais pas entendre les mots, mais chacun peut imaginer… Quand Cuvier est revenu au bar, tous les clients l'ont applaudi et certains, qui n'auraient pas bougé une oreille, quelques minutes plus tôt, si Cuvier s'était fait attaquer, rajoutèrent que ces jeunes, il fallait leur mettre une raclée de temps en temps et au boulot et que, si du boulot ils n'en trouvaient pas, que ce soit dans le bâtiment ou ailleurs où on manque de bras, il y avait toujours du travail d'intérêt général à leur coller et ils iraient beaucoup mieux… Enfin, vous n'ignorez pas, j'imagine, les réflexions habituelles de comptoirs !

— Oui, bien sûr.

— Je dois dire qu'ensuite le ton est simplement devenu insupportable. Vous connaissez certainement les propositions toutes faites de ces braves types qui vont refaire le monde. Je dois avouer que ces propos ronflants me pèsent parfois, c'est souvent lourd, si lourd !

Malgré la discussion qui dura encore quelque peu, il fut impossible d'établir la moindre relation entre Cuvier et ces jeunes.

Quelques habitués du bar le confirmèrent également. Cuvier ne fréquentant plus ce bar, ils ne purent rien apprendre de plus.

Devant l'inanité de leurs efforts, Phil et François décidèrent de quitter les lieux et d'aller dîner dans la brasserie toute proche, au nom évocateur d'une région qu'ils avaient découverte au cours d'une précédente enquête, le Berry.

Le vent avait sérieusement forci et la température s'était radoucie. Un avis de tempête était annoncé pour la nuit sur la côte atlantique.

Dans sa chambre d'hôtel, Phil décida de prendre connaissance des ouvrages prêtés par Valérie sur l'histoire de la ville de Saint-Nazaire et de sa région, et sur la Brière.

Page après page, il se laissait envelopper par le sortilège du passé fantastique de cette ville, du temps de la Transatlantique et de ses croisières fabuleuses. Puis, il s'attarda sur le Parc de la Brière, par égard pour Valérie. Ses yeux fatigués glissaient de date en date… Minuit venait de passer quand il décida de se coucher. Il écouta quelques instants la rumeur de la ville endormie s'écouler tranquillement au rythme de la circulation des voitures de plus en plus rares à cette heure. Puis le souffle du vent et le crépitement de la pluie vinrent la submerger. Le sommeil et l'épuisement frappèrent à sa porte emportant avec eux la magie des récits qu'il venait de lire.

Le bruit de la pluie était-il venu influencer ses rêves ? Toujours fut-il que sa nuit fut peuplée de naïades ruisselantes au milieu du merveilleux parc de la Brière… Leurs voix chantantes, profondes, enroulaient comme une caresse son nom, comme si elles voulaient l'attirer avec elles au milieu des eaux et des roseaux du parc où Valérie l'attendait et lui proposait de découvrir, dans une langue qu'il ne comprenait pas mais qu'il assimila à du breton, tous les mystères de ce site hors du commun. Il se surprenait parfois à faire des remarques ineptes, se sentant de plus en plus ridicule face au prestige de Valérie, si attentive aux autres et qui semblait dominer son royaume… Il voyait le lieu chaleureux où elle vivait, où des amis aimaient passer, une ancienne chaumière rénovée avec goût dans un endroit paisible, avec une cheminée encombrée de bibelots…

Ces visions folles envahirent totalement son esprit une bonne partie de la nuit.

VII

Mardi 24 janvier.

Son trench-coat Burberry ouvert, Stéphane arriva le premier. Sa démarche était semblable à sa façon de s'exprimer : volontaire et posée. Celle de quelqu'un qui se sent mentalement fort.

Vêtue d'un pantalon noir et d'un pull vert pâle, légèrement maquillée, Valérie suivit à quelques secondes d'intervalle. Elle avait accroché au portemanteau sa polaire de chez Cotten et son écharpe.

Phil et François, qui venaient avec la même voiture, avaient voulu passer par le boulevard Albert Ier où ils avaient garé leur véhicule quelques instants pour admirer l'océan.

Le spectacle de la mer en colère jouait toujours un rôle stimulateur sur leurs réflexions. Le vent soufflait de plus en plus fort et la mer se faisait grosse, prenant la couleur de l'acier. La ligne d'horizon bouillonnait.

Ils observaient un vol de mouettes qui s'élançaient maladroitement, s'efforçant, en vain, de faire front contre les rafales. Ils assistaient à ce spectacle sans bouger, bien à l'abri dans leur voiture. La pluie sur le pare-brise produisait comme des applaudissements. Leur regard flottait dans ce vide éthéré, comme en apesanteur. Cette grande plage, face à la ville, s'étendait à l'écart du port et des installations portuaires disposées le long de la rive droite de la Loire. De cet endroit, ils comprenaient mieux la réflexion de Valérie sur l'opportunité d'appeler cette cité Saint-Nazaire-sur-Mer. Sur leur gauche, une grande partie de l'estuaire s'était dissoute, tout comme la pointe sur leur droite, du côté du phare de Villès-Martin, avalées par la brume. Le rugissement de la mer avait monté d'un cran. Torpeur, bercement optique. Devant ce spectacle, ils se dirent qu'ils commençaient à l'aimer vraiment, cette ville…

Phil se garda bien d'évoquer ses rêves de la nuit.

— Nous pouvons y aller à présent, je me sens bien, fit François.

— Tu m'étonnes… répondit Phil.

Sa réponse avait été formulée sans sous-entendu ironique. Il démarra la voiture, le ciel obscurci se déversait toujours. La pluie redoubla de force, le sol se gorgeait d'eau jusque sous les arbres dénudés de la promenade et ils n'y voyaient plus à dix mètres. Ils roulèrent doucement jusqu'au 59, rue du Général de Gaulle.

Phil et François arrivèrent à leur tour… un peu plus tard que d'habitude.

Ils n'eurent pas le temps de sacrifier à la traditionnelle rencontre au distributeur de café, le patron les attendait déjà dans son bureau.

— J'ai eu longuement les scientifiques ce matin. Cette fois, nous allons avoir des billes. Il ménagea un temps de silence pour mieux susciter l'intérêt de son auditoire avant de se lancer dans la communication de ses informations, arborant un sourire ambigu. Tout d'abord, toute la literie ne porte que les traces ADN d'Annie Dezruez et de Michel Le Kerbraz, dit-il. Quant aux verres, l'un ayant contenu de la bière et l'autre du jus de fruit, mis sous scellés chez Annie Dezruez, nous avons retrouvé les empreintes de Michel Le Kerbraz sur le verre de bière et devinez de qui sont celles découvertes sur l'autre ?

Les OPJ, tout autant que l'officier en tenue, détestaient les questions.

Ils restèrent interrogatifs, sans prononcer la moindre suggestion, le regard chargé d'une intensité inexplicable.

— … ?

— Celles de… alors ? poursuivit-il, entretenant le suspense et se fendant d'un léger sourire en remuant imperceptiblement la tête. Jean-Claude Cuvier ! lâcha-t-il enfin, triomphalement. Étonnant, non ?

Valérie sourit avec cautèle et se tourna vers ses collègues. Elle avait un air inspiré et une expression heureuse passa sur son visage.

— N'est-ce pas un mobile ? Ce pourrait être… un amant jaloux, elle l'aurait éconduit et la situation aurait dégénéré ou un truc comme ça ! Qu'est-ce que vous en dites ? Cuvier est un dragueur et cavaleur fini. Il fréquente le même self que Michel Le Kerbraz, il a aussi repéré la petite et veut se la faire… Il est en concurrence avec son collègue. Conflit. Exécution… On sait qu'il est costaud ! Ne cherchons pas plus loin, conseilla-t-elle.

— Peut-être. Mais une seule et même personne ne peut tuer deux individus dans un appartement sans faire le moindre bruit. Et puis, il y a sa maîtresse…

— Faux témoignage pour produire un alibi et couvrir son amant ! proposa spontanément Valérie.

— Où aurait-il éliminé Le Kerbraz ? Pas chez Annie Dezruez. Impossible de passer inaperçu pour enlever le corps, faire les navettes en voiture… Non, c'est trop compliqué… Sans écarter cette hypothèse il faut rechercher où, quand, comment et pourquoi…

— Je finirai par trouver quelque chose, vous verrez !

Aussitôt, Phil préconisa à François d'aller interpeller Cuvier au travail et ensuite de le cuisiner. Avec le retour de Cuvier sur le devant de la scène, ils se demandèrent si cette affaire n'allait pas, une fois encore, placer en évidence un formidable ratage policier. Un de plus… Comme pour nuire à la police. Avec du recul, cette enquête paraissait en effet chaotique. Ils se dirent qu'il faudrait aussi perquisitionner son logement, celui de sa maîtresse, son vestiaire au travail, sa moto. Ce Cuvier, ils ne l'avaient jamais senti. Ils le trouvaient même antipathique, mais ce n'était pas une raison suffisante pour l'accuser et le rendre coupable de tout.

L'officier en tenue souhaita se munir de la photo de Cuvier et proposa de demander à ses hommes d'aller interroger les résidants pour savoir si, éventuellement, quelqu'un l'avait vu venir chez Annie Dezruez et, si oui, quand. Chacun esquissait, à toute vitesse, dans son esprit, toutes sortes d'hypothèses. Plus que jamais, les officiers de police judiciaire voulaient faire corps. Ils ne devaient pas censurer les idées des uns et des autres mais, au contraire, approfondir chaque possibilité évoquée.

Après ces échanges rapides, le patron revint aux renseignements qu'il détenait encore.

— Dans l'agenda, rien de significatif. Un agenda de femme recèle d'ordinaire une quantité invraisemblable d'informations sur le passé, le présent et le futur. Elle y inscrit, le plus souvent, chaque petit fait de la vie. En effet, ici il y avait bien les rendez-vous chez le médecin, le gynécologue, mais à ceci rien d'étonnant, aujourd'hui nous savons pourquoi, chez le coiffeur, quelques sorties, les fêtes, anniversaires, sans oublier les notes pense-bête. Tout ceci ne concernait qu'elle et Michel Le Kerbraz… La période du voyage était mentionnée, ainsi que, pour le retour, « *W.E. à Quimper chez Michel* », ce que nous savons aussi. Quant au répertoire téléphonique, il était plutôt maigre et n'avait été ouvert qu'à son arrivée dans cette résidence. Comme si elle avait voulu oublier le passé. Pas de trace de Cuvier ni de personne d'autre… Tous les numéros de téléphone inscrits sont en cours de vérification pour établir le lien avec elle.

— Ça n'empêche rien ! répliqua Valérie qui insistait toujours pour s'engager dans cette voie.

— En effet. Mais, il faudra plus que des suppositions, il nous faudra des preuves ou, du moins, un début. Phil et François vont déjà se charger de Cuvier. Après on verra… Mais, méfions-nous, peut-être trouvera-t-il une bonne réponse à nos questions et une explication quant à ce verre de jus de fruit marqué de ses empreintes. Dans cette affaire, j'ai l'impression que nous sommes dans un univers nietzschéen en ce moment… rajouta-t-il.

Cette dernière phrase avait un ton de conclusion. Sans plus de cérémonie, il invita aussitôt chacun à s'investir plus que jamais afin de débrouiller l'écheveau de cette enquête. Il avait replié son dossier et se préparait déjà à passer à autre chose.

Dans le couloir qui les menait à l'espace “boire-chaud”, pour reprendre l'expression consacrée à l'espace des distributeurs de boissons des Chantiers, Valérie interpella Phil en riant :

— Dis donc, “Phil… le philosophe” ! Et en plus, “ça rime… pour la frime”, et je ne l’ai pas fait exprès ! Peux-tu nous rappeler qui était Nietzsche, puisque c’était la dernière envolée lyrique du patron ?

— D’abord, comme Hegel, il s’appelait aussi Friedrich. Nietzsche était un philosophe allemand. La morale humaine et chrétienne lui apparaissait être le refus de la vie au nom d’un idéal. J’arrête là, sinon nous en avons pour la journée ! Il éprouvait des bouffées de nostalgie en repensant à ses cours de philo et à ce prof qu’il avait apprécié plus que tous les autres.

— Non, non, continue, j’aime bien ! surenchérit Valérie.

— En deux mots alors… Nietzsche s’est surtout exprimé par des aphorismes cinglants, des dissertations brillantes et des poèmes… La philo était ma matière préférée. Je trouve que tous les étudiants devraient la travailler davantage, quel que soit le métier auquel ils se destinent. Ceux-ci seront aux prises avec des problèmes humains tout autant qu’avec des problèmes techniques et ont besoin d’un enseignement philosophique, au même titre que les futurs littéraires !

— Je suis bien d’accord, approuva Stéphane.

— Mais, dites donc, votre patron ne serait pas un peu égotiste ? lança François, soutenant sa demande d’un regard curieux, tout en mettant un terme à cette discussion.

— Non. Je ne le crois pas. C'est naturel chez lui. Il ne cherche pas à se valoriser. Il pense que tout le monde le suit. Il serait même plutôt discret. Ce type vole haut, c'est tout ! conclut Valérie, motivée par le fait que le patron n'écartait plus systématiquement sa proposition de meurtre passionnel, même si elle ne restait, chez elle, que sous forme d'intuition, pour l'instant.

— Vraiment ?

— De tous mes patrons, celui-ci est certainement le plus cultivé… Il nous en apporte chaque jour la preuve, sans forfanterie. Le plus étonnant est que ses propos résonnent en nous, comme s'il désirait nous amener discrètement à une meilleure compréhension de nous-mêmes, vous ne trouvez pas ? demanda Valérie à ses collègues.

— C'est tout de même plus ou moins volontaire, à mon avis, tempéra Stéphane.

— Seriez-vous tous frappés d'angélisme ? demanda François, en forme de conclusion.

Avec l'officier de police en tenue, ils décidèrent tous les quatre de récapituler leurs informations et de n'en retenir que les points clefs. Peu importait la confusion car ils étaient persuadés qu'à un moment ou à un autre, les idées finiraient par s'agencer logiquement et un fil conducteur se mettrait en place.

Ils commencèrent par Michel Le Kerbraz : Chantiers, voiture du Polonais, somnifères, meurtre par noyade avant immersion non loin de chez lui à Quimper.

Le meurtrier connaissait donc ses origines. La victime était-elle le futur concubin ou le futur époux d'Annie Dezruez qui attend un enfant de lui ? Sa voiture avait été retrouvée près de chez elle, au pied de la résidence.

Ses empreintes sur un verre de bière, de quand datait la consommation ? Avait-elle eu lieu en présence de Cuvier ? Pourquoi ? S'étaient-ils retrouvés tous les trois ensemble à un moment précis avant le meurtre ou les meurtres ? Que s'était-il passé entre eux ?

Que faisait Cuvier avec Le Kerbraz ? Et chez Annie Dezruez ? Détenait-il les clefs de l'appartement d'Annie ? Sans doute… Le meurtrier avait alors pu s'en emparer et revenir plus tard chez elle, comme semblait persuadée sa voisine.

S'agissait-il de Cuvier ? Sinon, de qui ? Pourquoi ? Au sujet des clefs justement, dans les deux cas, les victimes devaient les remettre à leur plus proche voisine, ni l'une ni l'autre ne l'avait fait, pourquoi ? Que s'était-il passé pour les en empêcher ? Les événements semblaient s'enchaîner de curieuse manière…

Ils procédèrent de la même façon pour Annie Dezruez, Cuvier, le Polonais, Christian Le Lann et enfin les jeunes des cités de Beauregard, la Bouletterie et le Petit Caporal… Ils formulèrent, noir sur blanc, de fumeuses hypothèses, tantôt sur ce qu'ils considéraient comme des certitudes tantôt sur de vagues impressions.

Dans les deux cas, l'assassin espérait retarder la découverte des corps et, sans doute, du même coup, jeter le trouble. Pourquoi l'assassin, si précautionneux, n'avait-il pas lavé les verres ? Cette négligence paraissait incroyable ! En avait-il profité pour effacer toutes ses traces lors de son acte, voire passer la serpillière ?

Annie Dezruez avait-elle pris une consommation avec eux ? Eau, café, autre ? Peu probable, aucun élément ne le prouvait. Impossible de le savoir, pourquoi ? Cela voulait-il dire que l'assassin, consciencieusement, avait laissé apparaître ce qui l'arrangeait et fait disparaître ce qu'il voulait cacher ? Toujours dans le but de modifier la réalité…

Coïncidence ? Diversion ? Cuvier ressortait comme le point central de toute cette affaire. Il devenait urgent de l'entendre.

— On se dit qu'il est coupable ou innocent ? lança Phil à la cantonade, sans obtenir de réponse de ses collègues.

La route conduisant aux Chantiers, Phil et François commençaient à la connaître. Présentation à l'accueil, formalités administratives, badge…

Jacques Mercier, le chef d'équipe, se présenta rapidement à eux.

— Est-ce que Jean-Claude Cuvier est à son poste ? lui demanda François.

— Oui, bien sûr. Que se passe-t-il ?

— Nous devons l'emmener à l'Hôtel de police pour y être entendu.

— Pourquoi ? Qu'a-t-il fait ?

— Nous ne pouvons rien vous dire pour l'instant. Mais, justement, en attendant de le prendre en charge, comme vous êtes là, dites-nous si, depuis cette soirée du 6 janvier, il vous a encore sollicité pour, disons, le couvrir dans ses sorties ?

— Heu… Jacques Mercier parut, cette fois, très embarrassé pour répondre. C'est-à-dire que je ne voudrais pas lui causer de tort. C'est un très bon élément au travail, compétent, sérieux et en qui j'ai toute confiance. Malgré son air parfois belliqueux, Jean-Claude a une âme pacifique et pleine de bonté, vous savez.

— Nous ne discutons pas de ses compétences au travail, mais plutôt de ses légèretés dans la vie privée. Alors, oui ou non, vous a-t-il encore demandé de le couvrir vis-à-vis de son épouse pour une ou des sorties ? Vous savez, ce genre de balade primesautière qu'il semble affectionner particulièrement…

— Heu… Votre question m'embête, je vous répète une fois de plus, je ne voudrais pas…

— Oui ou non ? demanda fermement Phil cette fois, d'un ton cassant.

— Oui… lâcha-t-il de façon piteuse et presque inaudible.

— Quand ?

— La semaine suivante, le vendredi…

— C'est bon. Pouvez-vous aller nous le chercher ?

Jacques Mercier ne demanda pas son reste et tourna les talons aussitôt.

Phil regarda François d'un sourire entendu. Tout leur paraissait subitement très clair, comme à chaque fois qu'ils étaient pris du prurit justicier.

La voisine d'Annie Dezruez n'avait pas rêvé. Toutes leurs hypothèses défilaient à toute vitesse dans leur esprit. Cuvier… Cuvier… Toujours Cuvier. Ils brûlaient d'impatience de pouvoir l'interroger. Comment allait-il réagir ? Nierait-il tout ? Ou craquerait-il rapidement ? Valérie avait-elle raison ? S'agissait-il d'un drame de la jalousie ?

Jacques Mercier, tête basse, était parti chercher Jean-Claude Cuvier et revint quelques longues minutes plus tard devant les deux OPJ. Jean-Claude Cuvier, en tenue de travail, se présenta à eux, la mine défaite. Depuis leur dernière rencontre, il paraissait avoir vieilli de dix ans. Où était le fringuant quadragénaire de leur première visite à son domicile ? Il ne gonflait plus le torse, il semblait se tasser sur lui-même, épaules tombantes.

— Qu'est-ce que vous me voulez encore ?

— Vous entendre, c'est tout.

— Ça ne pouvait pas attendre ce soir ? J'ai un métier, moi ! Je bosse. Vous allez encore me fiche une partie de ma journée en l'air !

— Désolé, mais ce sera ainsi. Nous allons vous accompagner à votre vestiaire et nous en profiterons pour l'examiner…

— Vous n'avez pas le droit ! Vous avez un mandat ? dit-il d'un air arrogant.

— Vous regardez trop de mauvais feuilletons policiers à la télé, monsieur Cuvier, allons-y ! Il n'y avait pas de colère dans la voix de François ni même de reproche, seulement de la fatigue.

Jacques Mercier les regarda s'éloigner en direction des vestiaires, comme on regarde un train qui s'en va. François remarqua ce regard ambigu qu'il arborait à cet instant, mais qu'il ne sut ni comprendre ni déchiffrer. Phil s'éloignait déjà aux côtés de Cuvier. Encadré des deux OPJ, ils entrèrent dans le vestiaire, désert à cette heure. Les panneaux syndicaux étaient recouverts de messages. Tout à côté, des affiches annonçaient quelques manifestations, lotos et autres… Cuvier ouvrit la porte de son casier. François l'invita à reculer pour permettre à Phil de le fouiller. Il découvrit un agenda sur lequel étaient notés un certain nombre de rendez-vous ainsi que le prénom de sa maîtresse, à plusieurs reprises, et de nombreux prénoms féminins avec quelques numéros de téléphone. Celui-ci méritait une étude approfondie et fut mis sous scellés. Aucun objet particulier ne retint son attention. Jean-Claude Cuvier se changea et prit les clefs de sa moto. Des scellés furent posés sur la porte au moment de partir.

— Non, vous nous remettez les clefs, nous allons l'inspecter également ensemble et, ensuite, vous nous accompagnerez dans notre véhicule.

— Et ma moto ?

— Elle reste là. Elle est en sécurité, non ?

La fouille de la superbe moto n'apporta rien de nouveau. Il appartiendrait aux scientifiques de venir, à leur tour, examiner l'engin et le casier.

Tout au long de la route en direction de l'Hôtel de police, Jean-Claude Cuvier interpella les deux OPJ par ses questions, sans obtenir de réponse. Ils le prièrent simplement d'attendre d'être dans le bureau. Ils l'informèrent qu'ils allaient procéder à un interrogatoire en règle, puis ils s'installèrent dans un total mutisme. Cuvier acquiesça et haussa les épaules en levant les yeux comme s'il voulait capturer au vol des mots qui lui échappaient. Il respira profondément, comme pour s'imprégner d'un peu de sérénité avant les questions. Le visage blême et défait, le regard triste, poussant de temps à autre un long soupir, il les observait à présent en silence avec une certaine lassitude. Phil et François pouvaient lire sur son visage inquiétude et fatigue. Ils le sentaient plus seul que jamais.

Il fut rapidement conduit dans le bureau où Stéphane et Valérie travaillaient. Ceux-ci rangèrent leurs affaires. Stéphane s'installa au micro pour saisir la déposition, reprenant l'état civil précédemment enregistré et lui demandant de confirmer l'exactitude des renseignements.

Cuvier se ménagea une pause dramatique en leur adressant son regard le plus machiavélique et les interpella :

— Si vous m'expliquiez pourquoi je suis là, à la fin ? Je vous ai tout dit l'autre jour et mes réponses ont été confirmées par mon amie, que je sache, non ?

— En effet, répondit François. Ne revenons pas sur le vendredi soir du 6 janvier, mais, dites-nous ce que vous faisiez le vendredi suivant, 13 janvier.

— Et voilà que ça recommence ! Vous n'allez pas remettre ça ?

— Pour vous, le vendredi 13, porte-t-il bonheur ou malheur ? lui demanda Valérie sur un ton plutôt iroiquc.

Il haussa les épaules avec un regard de mépris muet.

— Répondez-nous ! Qu'avez-vous fait le vendredi soir, 13 janvier, après votre travail ? Le ton ferme de François ne permettait plus l'esquive.

Il baissa la tête.

— Regardez-moi quand je vous parle ! Alors ? Si vous ne voulez pas répondre, nous allons interroger votre épouse pour connaître votre heure de retour au domicile ! enchaîna François, sarcastique.

— Non, pas ça, ça suffit ! Depuis le précédent raffut, notre couple bat de l'aile… Ne venez pas en rajouter alors que c'est en train de se calmer !

— Pourtant, il faudra bien que vous nous répondiez. Nous ne vous lâcherons pas. Ce n'est que le début de l'entretien. Ne pensez pas rentrer tout de suite car nous allons certainement vous mettre en garde à vue avant, voire en examen…

— N'essayez pas de m'impressionner parce que vous êtes quatre en face de moi, ça ne marche pas. Un, je n'ai rien fait et je n'ai rien à me reprocher… Deux, vous n'avez rien contre moi, alors ?

— RÉPONDEZ ! hurla François en frappant du plat de la main sur la table, surprenant tout le monde dans la pièce.

— J'étais chez mon amie…

— Votre maîtresse, la même que la semaine précédente, c'est ça ?

Il approuva de la tête sans répondre.

— Répondez par oui ou par non !

— Oui.

— De quelle heure à quelle heure ?

— Dix-neuf heures trente à vingt-trois heures environ.

— Bien, nous vérifierons auprès d'elle. Connaissez-vous Annie Dezruez ?

— Pas plus que ça…

— Oui ou non ?

— C'est-à-dire, comme tout le monde, au self…

— Qu'entendez-vous par comme tout le monde ?

— Nous la voyons quotidiennement au self. Depuis ce qui lui est arrivé, nous avons tous été choqués, voilà…

— Saviez-vous où elle résidait ?

— Non, pas avant de l'avoir lu dans la presse !

— Réfléchissez bien avant de répondre, nous allons noter votre réponse dans le procès-verbal. Alors ?

— Je viens de vous le dire, je maintiens précisément ma réponse.

— Précédemment, vous avez tenté de nous dissimuler votre emploi du temps. Maintenant, pensez-vous que nous allons vous croire sur parole, sans vérifier ?

Il garda le silence, baissa la tête pour porter son attention vers le sol et ses chaussures.

Les quatre OPJ se regardèrent. L'homme n'avait pas réagi comme ils s'y attendaient. Ils ne le comprenaient pas. La tension devenait extrême et Cuvier ne semblait pas réaliser le piège qui se refermait sur lui. Était-ce de l'inconscience ou était-il un formidable acteur ? Il avait partiellement prouvé ce dernier point dans un passé récent.

— Est-ce qu'il vous est arrivé de vous rendre chez elle depuis le 6 janvier ?

— Mais, je viens de vous dire que je ne savais pas où elle habitait ! Soyez un peu logiques à la fin !

— Nous répétons notre question. Vous est-il arrivé, ces derniers temps, de vous rendre chez elle et d'avoir même consommé une boisson ?

— Je vous répète que non. Où voulez-vous en venir ?

— Comment expliquez-vous, dans ce cas, que nous ayons relevé vos empreintes sur un verre ayant contenu du jus de fruit, posé dans l'évier, chez elle ?

— Mais… mais, ce n'est pas possible ! Je suis formel.

Cette révélation venait de le frapper de plein fouet. Il marqua le coup, ne comprenant plus cette fois ce qui lui arrivait.

Il était comme assommé. Les OPJ avaient l'impression de participer à un jeu grotesque où tout était prévu d'avance.

— Jolie fille qu'Annie Dezruez, n'est-ce pas ? demanda Valérie.

Toujours sous le choc, il garda le silence.

— Comme vous ne répondez pas, je vais vous dire moi, ce qui s'est passé. Cette jolie femme, vous l'aviez repérée depuis longtemps. Vous vous êtes dit qu'elle ne pourrait résister à votre talent de séducteur, à votre moto, à votre style de frimeur. Vous êtes venu chez elle, vous avez bu un verre…

Il releva les yeux. Son visage était livide.

— Mais, non, je vous dis que je ne suis jamais allé chez elle ! Je ne comprends rien à ce que vous me racontez et… je n'aime pas du tout que vous me parliez sur ce ton.

— Il faudra pourtant vous y habituer. Attendez, je vais vous aider ! Vous avez voulu la séduire, elle vous a refusé toute ouverture, vous avez vu rouge, vous lui avez sauté dessus et vous l'avez étranglée.

— NON, NON ET NON ! Vous dites n'importe quoi pour m'impressionner, protesta-t-il d'une voix qui vibrait de colère.

— Comment expliquez-vous la présence de vos empreintes sur un verre, chez elle ?

— Je ne me l'explique pas !

— Le verre devait passer par là, il était de sortie et il a décidé, en se rendant chez la victime, de s'arrêter dans l'évier, c'est ça ? Vous vous fichez de nous ou quoi ?

— Mais non, je ne me fiche pas de vous, mais je maintiens que je ne me suis jamais rendu chez elle !

Au cours des heures suivantes, l'interrogatoire fut reconduit à plusieurs reprises par chaque OPJ, avec toujours le même résultat. Cuvier niait tout en bloc : connaître la victime et son domicile, avoir bu un verre chez elle et, bien entendu, avoir attenté à sa vie. À ses yeux, tout ceci n'était qu'une horrible machination. Mais il ne voyait personne pour l'orchestrer, au fond de lui-même, personne qui puisse lui en vouloir au point de lui faire porter le chapeau. Il ne comprenait rien de ce qui lui arrivait.

Devant la pression des OPJ qui menaçaient de le faire tomber pour "assassinat", il commença à crier son innocence.

— Écoutez, monsieur Cuvier. Nous voulons bien tout accepter, mais votre position de tout nier ne tient pas. Ou vous nous apportez la vérité et…

— Mais je vous dis la vérité, je ne vous dis QUE la vérité ! rétorqua-t-il de façon nette à François qui lui demandait une explication afin de lui offrir une dernière chance de conciliation.

— Je termine donc… Vous nous dites la vérité et nous en tiendrons compte ou, sinon, nous vous signifions la garde à vue, le temps de vérifier vos propos et, si rien ne vient éclairer cette situation, le procureur décidera demain de ce qu'il entend faire. Mais, au vu d'éléments convergents, vous vous dirigez tout droit vers la mise en examen… pour meurtre… ce qui signifie "assises" en perspective !

Sa réaction, cette fois, fut immédiate :

— Mais, c'est de la folie ! Vous vous obstinez à me tendre un piège. Puisque je vous dis que je n'ai rien à faire avec cette femme, je ne suis jamais allé chez elle, je n'ai jamais pris le moindre pot avec elle et encore moins chez elle, alors, pourquoi voulez-vous que je l'assassine ?

— Pour vous avoir éconduit ! lança Valérie.

— Mais sûrement pas ! Un, je suis marié, deux, j'ai déjà une maîtresse, trois, je n'ai jamais eu le moindre contact avec cette femme. Je vous jure que c'est vrai ! Je vous le jure sur la tête de mes enfants !

— Vous aurez tout votre temps de jurer devant la justice au tribunal, le moment venu. À présent, la situation devient très simple. Prouvez-nous votre innocence, ou avouez-nous votre culpabilité !

— Mais, arrêtez ! VOUS ÊTES TOUS DEVENUS FOUS, MA PAROLE !

Ils laissèrent passer quelques secondes de silence et Valérie tenta une dernière manœuvre :

— Peut-être n'aviez-vous pas conscience de ce que vous faisiez, que ça n'était pas prémédité...

Je ne l'ai pas tuée ! Il explosa littéralement : JE NE L'AI PAS TUÉE, comment devrais-je vous le dire ? Puis il se calma aussi rapidement qu'il s'était énervé. Il venait de prononcer ces derniers propos comme pour se rassurer, car il devenait évident que la panique le gagnait.

Dans l'état où il se trouvait, il ne maîtrisait plus rien : ils voulurent profiter de la confusion pour bluffer. Ils sentaient qu'il avait perdu pied, qu'il allait se noyer. François fit signe à Stéphane de prendre le relais. Celui-ci le harponna, cette fois, d'une façon ferme :

— Pour une raison que vous allez nous expliquer, vous avez étranglé Annie Dezruez...

— NON ! NON ! ET NON ! Il plongea la tête dans ses mains et se mit à gémir, rajoutant comme pour lui : je ne l'ai pas tuée. Il faut me croire, il faut me croire…

— ALORS QUI ?

Il haussa les épaules d'impuissance et resta littéralement prostré.

Voyant qu'ils ne pouvaient plus rien en tirer, François lui signifia ses droits, en terme de garde à vue, et lui annonça sa mise en cellule, le temps de rendre compte au patron et de vérifier tous les éléments.

Quand un gardien de la paix vint le chercher, Cuvier était à bout. Disparue, la bonhomie de leur première rencontre. Il paraissait réduire de volume en se recroquevillant sur lui-même. Il fit presque pitié à Phil quand il quitta le bureau. Il sentait bien qu'il était inutile d'insister. L'interrogatoire avait été assez édifiant. Sans éléments nouveaux, il ne servait à rien de malmener davantage cet homme enserré dans ses propres contradictions, ses petites lâchetés et son sens du devoir plutôt mal accompli…

Devant cette situation, le patron resta perplexe. Qui était Cuvier ? Qu'avait-il réellement à voir dans cette affaire ? se demandait-il.

— Sommes-nous, chez cet homme, dans le domaine de la conscience ou de l'inconscience ? Nous n'avons ni les moyens ni le temps de demander une expertise psychiatrique. Mais vos dires me troublent considérablement. S'il dit la vérité, nous devons le prouver et inversement, bien entendu. Il n'y a pas de temps à perdre. Les policiers en tenue sont allés à la résidence d'Annie Dezruez avec la photo de Cuvier et les caractéristiques de sa moto, tandis que d'autres sont partis chercher son épouse. Pendant ce temps, je vous invite à interroger rapidement sa maîtresse.

— De toute façon, un type, éconduit par une femme convoitée qu'il tue, ne va tout de même pas avouer immédiatement son acte criminel. Pour moi, il n'a pas encore réalisé la gravité de son acte et il fait comme s'il n'avait pas eu lieu ! rétorqua Valérie.

— Cette situation s'est déjà rencontrée, en effet. Raison de plus pour le serrer de plus en plus au point de l'amener, par les révélations de son environnement, à craquer et à nous dire ce qui s'est réellement passé.

— À moins que lui-même couvre quelqu'un et qu'il soit trop tôt, pour l'instant, pour le faire lâcher prise. Mais son environnement personnel ne connaît par forcément ce quelqu'un et, dans ce cas-là…

— C'est également possible. En fait, tout se défend, rajouta-t-il en esquissant une moue dubitative. Néanmoins, ces meurtres, à mon sens, ne peuvent être que l'aboutissement d'une démarche, la fin d'un raisonnement logique. Il s'agit à présent de découvrir la vérité.

Perplexes, les quatre OPJ se levèrent et quittèrent le bureau du patron. Partagés entre le fait que, d'une part, tout semblait accabler Cuvier, et pourtant que, d'autre part, rien ne semblait le conduire à commettre de tels actes de par son statut d'homme marié, père de famille, ayant déjà une maîtresse, exerçant un bon métier… Apparence et doute s'opposaient. Les OPJ détenaient bien des éléments rationnels. Pourtant…

Valérie restait, depuis le départ, dans sa logique avec, en proposition majeure : les hommes qui cavalent et trompent leur femme sont tous des salauds, voire des meurtriers en puissance, prêts à tout pour flatter leur ego. Et, en proposition mineure : or, Cuvier cavale et trompe sa femme. Conclusion : dans cette affaire, Cuvier est un salaud et donc un meurtrier !

Les trois autres OPJ doutaient de l'approche par syllogisme, l'actualité nous montrant chaque jour où cela peut conduire que ce soit en politique ou en religion… Par contre, la thèse de Valérie s'imposait de plus en plus dans le groupe. Chacun cherchant cependant une autre hypothèse.

Phil restait désormais sur la réserve depuis cet interrogatoire. Une petite voix lui rappelait, du plus profond de lui-même, que la vérité formelle ignore, bien souvent, la réalité. Il se méfiait, bien plus que ses deux collègues encore, des arguments conventionnels de chacun dans cette enquête. Pour lui, plus que jamais, il devenait important de creuser au maximum chaque élément avant de prendre position et de mettre Cuvier en examen. Quelque chose sonnait faux dans cette affaire, depuis le départ, mais quoi ? Où ? Comment le déceler ?

Phil doutait du passage à l'acte de Cuvier mais, cependant, considérait qu'il avait très bien pu avoir agi dans un rôle de complice… Lequel ? Quand ? Pourquoi ? Il se répétait sans cesse : « toujours partir de la vérité, chercher la simplicité, les éléments facilement vérifiables, toujours réfléchir et déployer d'autres systèmes de réflexion, ne pas se laisser enfermer dans un carcan, penser au sixième sens… ». Il revoyait ainsi certains cours de sa formation à l'école des officiers de police. Il savait que l'apparence ne devait pas prendre le dessus sur son mode de raisonnement, au risque de se tromper…

Valérie décida d'accompagner Stéphane pour entendre la maîtresse. Ils se rendirent une nouvelle fois dans sa boutique, avenue de la République. Phil et François en profitèrent pour échanger leurs convictions. Des écarts importants existaient entre eux, preuve que le doute était permis et qu'il profitait, pour l'instant encore, à Cuvier… Sauf à trouver un élément nouveau, un événement improbable qui dépasserait l'entendement.

— Je vois bien que quelque chose te tracasse, suggéra François à Phil.

— Plusieurs choses, à vrai dire. Des détails curieux, mais c'est encore un peu flou… continua-t-il, en le regardant, d'un air absent.

Mais ni l'un ni l'autre n'avaient de réponses à leurs interrogations silencieuses. Ils laissèrent s'écouler plusieurs minutes sans dire un mot. Ils savaient qu'ils devaient dénouer patiemment chaque nœud de cette intrigue obscure. À chaque zone d'ombre, ils devaient opposer une hypothèse en veillant à ne pas confondre “faits et conjectures”.

*
*   *

En fin de journée, les résultats étaient décevants. L'itinéraire de Cuvier put être reconstitué et validé, minute après minute, le vendredi 13 au soir, corroboré par son badge aux Chantiers, sa maîtresse et son épouse.

Rien ne laissait penser qu'il puisse s'être rendu chez Annie Dezruez ce soir-là. Quant au vendredi 6 janvier, pas d'éléments nouveaux, non plus, pouvant mettre en cause Cuvier. Le patron décida de déclencher une perquisition chez Annie Dezruez, à la recherche d'un pack de bière relevant du même lot que celui découvert chez la victime de même que d'un pack de jus de fruit.

Dans les heures suivantes, ils apprirent qu'aucune trace de pack de bière pas plus que de jus de fruit n'avait été trouvée chez elle. D'où provenaient donc les deux canettes découvertes dans la poubelle ? Michel Le Kerbraz ou Jean-Claude Cuvier les avaient-ils apportées avec eux ? Si oui, pourquoi ? Et, surtout, pourquoi laisser les deux verres sans les laver et les deux canettes dans la poubelle ? Ce point devenait de plus en plus troublant, déstabilisant les quatre OPJ et le patron.

Ce dernier demanda aux scientifiques de remonter vers le brasseur et le fournisseur pour connaître le circuit emprunté par ces deux sortes de packs : du lieu de leur fabrication au lieu de vente au détail.

Mais le résultat de cette recherche prendrait du temps.

L'officier de police judiciaire en tenue arriva, peu après, avec les résultats de la nouvelle enquête de voisinage effectuée par ses hommes. Aucun résidant ne reconnaissait Jean-Claude Cuvier ni sa moto. Totalement inconnu, il n'avait jamais été aperçu dans l'immeuble ni à proximité. Hormis Michel Le Kerbraz, personne ne connaissait d'hôte pouvant rendre visite à Annie Dezruez. Or, Michel Le Kerbraz étant décédé avant Annie Dezruez, il ne pouvait, en aucun cas, être le meurtrier de son amie… Alors qui ? C'était la question lancinante que se répétait chaque acteur de cette enquête.

Un nouvel entretien avec Cuvier ne servit qu'à amplifier le doute et Cuvier commençait à le pressentir.

Tous les faits et les témoignages vinrent justifier ses assertions.

À un moment, ses yeux s'écarquillèrent d'incrédulité, au point qu'il leur semblât que toute sa personne gagnait en assurance, comme si, dans ce combat, il avait repris soudain l'avantage.

Avant de le remettre en cellule, François interrogea Phil :

— Comment tu le sens ce type ?

— Pas bien tout de même. Il n'a pas le cerveau en vrac. Il reprend vite le dessus… et s'il s'agissait d'une manœuvre de sa part, bien contrôlée par sa maîtresse et son épouse qui le couvrent ?

— Ce n'est pas à exclure.

Le patron pensa alors à l'odorologie. Il appela le spécialiste. Mais il était trop tard pour effectuer un tel test le soir même.

Il fut décidé que Cuvier resterait en garde à vue. Le lendemain matin, il devrait, coûte que coûte, avancer sur cet aspect du dossier.

Ils convinrent d'aller dîner tous les quatre ensemble. Ils se dirigèrent vers le front de mer dans la nuit froide et humide. De gros nuages, dérivant à basse altitude, occultaient par moments la lune gibbeuse. Les réverbères paraissaient souffreteux le long de l'avenue.

Installés à leur table, pendant un moment, personne ne parla. L'air sombre, l'esprit perturbé, chacun vivait encore les derniers moments de la journée et ce doute qui les tenaillait.

Phil rompit le silence le premier :

— Je crois que le patron est comme nous… Il commence à ne plus rien comprendre dans cette affaire !

— Oui, je le crois aussi ! Et, vous avez entendu, pas de réflexion philosophique cette fois, mais une allusion à la psychiatrie. Aurions-nous affaire à un assassin atteint de troubles névrotiques ? s'amusa à commenter Valérie.

— J'espère qu'il ne va pas nous faire, demain, le coup des désirs refoulés et du complexe d'Œdipe ! surenchérit Stéphane. Car, me concernant, côté Freud, je ne connais qu'à peine "le petit Freud illustré" !

— Vous avez déjà assisté à des démonstrations en odorologie ? demanda Valérie en s'adressant à Phil et François, repensant brutalement à l'enquête.

— Oui, et je peux te dire que c'est terriblement efficace, surtout dans ce cas précis. Tu vas voir, si c'est lui, il ne passera pas au travers…

Chacun évoqua ensuite toutes sortes d'anecdotes vécues et des souvenirs de leurs études ou de leurs passions en général.

Ceci leur permit de se détendre et de sortir un peu du contexte de leur enquête.

Différentes situations comiques permirent au rire de prendre toute sa place. Il ne fut plus question de leur ténébreux dossier au cours du repas, bien qu'il restât omniprésent.

La confusion des rires mêlés ou entrecoupés par le ressac de la mer toute proche accompagna toute la soirée. De purs instants de joie, sinon de bonheur…

VIII

Mercredi 25 janvier.

Chacun se montrait plus décidé que jamais pour conclure cette affaire dans la journée.

— Comment va-t-il ce matin ? demanda Phil, à propos de Cuvier.

— Il attend paisiblement ce qui va lui arriver ! répondit Stéphane sur un ton faussement courtois mais volontiers persifleur.

La réponse valut un haussement de sourcils empreint de lassitude de la part de François. Phil traversa alors la pièce pour s'approcher de l'une des fenêtres, son visage reflétait un profond désarroi. Il observa la pluie ruisseler sur la vitre. Elle tombait en rideaux si épais qu'ils dissimulaient le paysage et les bâtiments alentour derrière des formes floues. Valérie se tenait à l'autre fenêtre et appuyait son front contre la vitre froide mais ne regardait rien de particulier. L'air pénétrait par la fenêtre mal fermée. Le léger sifflement du courant d'air par la fente lui procurait une sensation confuse de plaisir. Elle était perturbée et savait exactement pourquoi… La morne grisaille extérieure donnait un aspect lugubre à ce jour et en rajoutait à leurs états d'âme.

L'officier de police en tenue leur apporta une plaque perforée contenant cinq gobelets de café fumant.

— Allez, un bon coup de chaud avant d'attaquer ! Le spécialiste de l'odorologie est en train de tout installer en salle de réunion. Dès qu'il sera prêt, il viendra nous en expliquer le principe et nous passerons aussitôt au test avec Cuvier.

Peu de temps après, en effet, l'homme se présenta et expliqua que le cas de la victime confinée dans un appartement relevait presque d'une situation idéale, l'assassin l'ayant étranglée en la bloquant sur l'accoudoir du canapé, vraisemblablement de tout son poids.

Son odeur avait pu être ainsi relevée sur les vêtements de la victime. Le chien pouvait, à présent, parfaitement identifier l'assassin.

— Quelles sont vos chances de succès ? demanda Valérie, incrédule.

— Cent pour cent, ou presque… Bien entendu, si nous sommes mis en relation ou en présence du meurtrier. Cette science est fabuleuse, je vous assure, mais elle ne peut être mise en banque de données ni en fichier comme les empreintes digitales ou l'ADN et pour cause… Mais nos résultats sont excellents.

— À ce point ?

— Absolument ! Regardez déjà le travail accompli par les chiens quand il s'agit de rechercher un individu dans la nature. Sachez que personne ne peut annihiler ses odeurs à moins d'être équipé d'une tenue de cosmonaute et de respirer avec des bouteilles à oxygène ! Le chien ne sert qu'à mettre le doigt sur l'individu, tout doit être filmé et nous recommençons la même expérience avec un autre chien et dans un autre endroit pour assurer le coup. Jusqu'à ce jour, on a toujours réussi à confondre ainsi un suspect, même si celui-ci fait preuve d'aplomb et possède un alibi bien préparé.

Tous les OPJ et le patron s'installèrent en salle. Le spécialiste demanda à son assistant de mettre le caméscope en marche et de faire entrer Cuvier. Quatre autres officiers de police en civil furent placés autour de lui afin de servir de leurre éventuel.

Cuvier semblait ébranlé, nerveux, le regard sombre au point qu'il en paraissait haineux. Mais rien ne semblait pouvoir l'abattre. La haine lui procurait-elle un regain d'énergie ? L'esprit en effervescence, il devait sans cesse réfléchir, tenter de comprendre. En le regardant prendre sa place, Phil se sentit soudain chagriné. Et si ce n'était pas lui ? S'il n'avait rien à voir dans toute cette affaire ? Il lui adressa un regard où se mêlaient crainte et indulgence…

Valérie ne cachait pas son impatience, persuadée que l'heure allait sonner pour mettre en évidence le forfait de cet homme. Ses fins sourcils s'arquèrent quand elle le vit, elle crut lire de la culpabilité dans ses yeux et, à cet instant, elle sentit une sorte de douleur la submerger en pensant à Annie Dezruez. Elle leva les yeux au plafond de la même façon qu'elle l'aurait fait si elle se tenait en réunion de travail. François et Stéphane gardaient un visage impénétrable.

Le chien, après avoir reniflé la ouate du bocal, se déplaça vers les cinq personnes. Sans succès. L'opération fut reconduite trois fois de suite… sans plus d'effet. L'animal, malgré l'insistance de son maître, ne voulut rien savoir. Le maître-chien se tourna vers le miroir sans tain, haussa les épaules d'impuissance, referma les bocaux et attacha son chien qu'il venait de récompenser.

Cuvier fut raccompagné en cellule. Les quatre OPJ, tout autant que le patron et l'officier en tenue, s'agacèrent devant ce résultat décevant.

— Et si Cuvier était en tenue de motard ? demanda Valérie.

— Cela ne changerait rien, répondit le spécialiste. Au risque de vous décevoir, je vous assure que, si nous étions réellement en présence du meurtrier d'Annie Dezruez, le chien l'aurait identifié. On peut prendre des tas de précautions pour éviter de laisser des poils, des empreintes ou d'autres indices identifiables mais, contre l'odeur, nous n'avons pas de parade, à moins de s'asperger d'un agent répulsif pour les chiens tel l'ammoniaque ou un produit de ce type, fait qui n'a pas été révélé lors des prélèvements. Donc, je vous le répète, lorsque nous serons mis en présence du suspect, il n'y aura pas photo, vous verrez ! L'odeur est aussi le sujet le moins connu des agresseurs... C'est, pour l'instant encore, une chance pour nous...

Le débat se poursuivit pendant plus d'une heure, sans avancer. Le patron devait rendre compte de l'évolution au procureur. La réponse ne tarda pas, il commanda de libérer Cuvier, les empreintes sur un verre ne constituant, en aucun cas, une preuve susceptible de prolonger la garde à vue et encore moins d'envisager une mise en examen. Rien ne prouvait que l'acte avait été commis par Cuvier ni qu'il était complice d'un meurtrier... Malgré les présomptions, une incertitude subsistait et n'autorisait pas à prendre un risque qui pourrait être désastreux pour l'homme incriminé à tort d'abord et pour la police et la justice, ensuite.

Chacun savait que les mêmes personnes qui se plaignent dans la presse des problèmes sécuritaires, demandant à la police d'agir, l'attaquent immanquablement si la moindre ambiguïté vient ensuite innocenter une personne mise en examen à tort. La police et la justice n'ont jamais droit au doute ni à l'erreur, mais seulement à leurs reproches.

Une fois de plus, l'enquête suivait un parcours sans

queue ni tête, comme un dessin en pointillés dont on ne connaît le sens qu'une fois tous les points reliés. Pour les trois hommes, l'heure était plutôt à l'abattement. Ils n'étaient plus sûrs de rien. La colère et la tristesse les submergeaient.

Quant à Valérie, cette situation, bien au contraire, ne faisait que l'exciter davantage encore. Telle une Miss Marple à la recherche de la scène initiale, elle tentait de reconstituer tous les faits et gestes de chacun dans ces deux affaires afin de recentrer certains indices épars qu'elle réunissait avec une sorte de dévotion hallucinée. Elle éprouvait un sentiment difficile à formuler, dont elle sentait l'issue proche et qu'elle situait pourtant entre douleur et délivrance.

Les mêmes questions lancinantes persistaient, cependant, dans tous les esprits : Qui ? Pourquoi ?

Valérie proposa de revoir le chef de service d'Annie Dezruez. Elle voulait remonter le plus possible dans le passé de cette personne. Phil décida de la soutenir, quoi qu'elle décidât. D'un bref regard entendu, il proposa à Stéphane de rester avec François au bureau tandis qu'il accompagnerait Valérie à la société de restauration collective des Chantiers.

Tout au long du chemin, Phil s'efforça de laisser paraître qu'il ne se décourageait jamais devant elle. Si ses propos étaient toujours emplis d'optimisme, chaque silence leur rappelait qu'ils n'aboutissaient pas. Valérie était songeuse.

Phil conduisait silencieux, concentré sur le trajet et plongé dans ses pensées. Il profita de ce moment paisible pour tenter une diversion. Il lui demanda si elle était allée voir le dernier film qui faisait tellement parler de lui dans le moment. La réponse ne se fit pas attendre :

— Je vais voir un film parce qu'il m'intéresse et non parce qu'il faut “absolument le voir” et toute ma vie est à cette image. Je fais dorénavant ce que j'ai envie de faire sans me poser mille questions sur le pourquoi et le comment des choses et je ne m'embarrasse pas du reste…

— Je ne voulais pas t'embarrasser !

— Je le sais bien… Je suis sereine parce qu'on ne peut pas tout vivre… Alors, l'important est de vivre l'essentiel et mon essentiel se trouve dans ma chaumière restaurée, là-bas, nichée dans ma Brière… J'aime m'imprégner des couleurs, des sons et des lumières du parc, de cette odeur qui ne s'effacera jamais de ma mémoire olfactive. Ce sont aussi mes souvenirs de jeunesse avec mes parents, quand ils vivaient encore. Aujourd'hui, tout est lié à ma mémoire…

— La vie est devant nous, pas que dans les souvenirs. Il faut la vivre, on n'en a qu'une !

— Mais, rassure-toi, pour moi elle est bien devant. Quand je dispose d'une journée de liberté, je préfère par-dessus tout enfiler un vieux pantalon, mettre un gros pull de laine sur mes épaules et m'en aller à l'aube après avoir chaussé mes bottes en caoutchouc. Et tu sais, les bons souvenirs ne sont pas éphémères, je chasse au loin toutes mes peurs dans ce décor si familier, dans le calme du jour naissant. Je regarde ce paysage qui s'offre à moi… J'aime la nature et marcher au milieu de cet espace encore sauvegardé, loin de toutes ces affaires sordides que je côtoie à longueur d'année. On croit toujours avoir tout vu, hélas, chaque semaine repousse les limites de la démence humaine… Je prends parfois ma petite barque et je m'en vais glisser silencieusement sur l'eau. Tu comprends ?

— Oui, bien sûr…

— Personne n'est propriétaire du bonheur. Nous avons parfois la chance qu'il nous accompagne quelque temps. Il faut, dans ce cas, en être très respectueux, sinon, il s'en va très vite, tu sais…

Ils arrivaient déjà à l'entrée des Chantiers de l'Atlantique.

Phil n'eut pas le temps de méditer sur toutes les confidences de Valérie, mais il retint que ses propos constituaient une bonne leçon de vie… Ils s'apprêtaient à sacrifier aux formalités d'usage quand le responsable de l'accueil leur expliqua que les cuisines et le centre administratif qui dirigeaient la douzaine de selfs se situaient à l'extérieur de l'enceinte des Chantiers et que, par conséquent, ils pouvaient s'y présenter directement sans accomplir de formalités particulières.

Le chef de service de l'unité était fort occupé car il devait lancer les repas du déjeuner. Il ne cacha pas son agacement d'être dérangé à cette heure, d'autant qu'il avait déjà tout dit et répondu, à deux reprises, aux questions des policiers qui l'avaient interrogé au sujet de sa collaboratrice. Phil se montra ferme et ce dernier sentit aussitôt que quelque chose de grave était en train de se passer. Après quelques ordres distribués autour de lui, il accepta de leur consacrer quelques minutes.

Ils reparlèrent d'Annie Dezruez, de son travail, de son sérieux, de son comportement, sans apprendre la moindre information nouvelle. Phil pensa alors lui demander :

— Depuis combien de temps êtes-vous son responsable ?

— Cela faisait deux ans à la fin de l'année dernière.

— Depuis cette date, lui avez-vous connu des relations personnelles, je veux dire intimes, autres qu'avec Michel Le Kerbraz ?

— Non. Tout au moins pas à ma connaissance. Annie était une femme plutôt discrète, réservée et très droite…

— Connaissez-vous monsieur Cuvier… Jean-Claude Cuvier ?

— Comme ça, de nom, sans plus… quand j'étais responsable d'un des selfs.

— Est-ce que Cuvier et Dezruez auraient pu…

— Non. Je ne crois pas. À la réflexion, non, sûrement pas. Ce n'est pas le même genre du tout.

— Votre prédécesseur dans cette fonction travaille-t-il toujours dans l'entreprise ?

— Non. Il est à côté, chez Airbus, responsable de toute la restauration collective. Il occupe un poste important.

Les deux personnes se connaissaient parfaitement et s'appréciaient. Leur interlocuteur n'hésita pas à fournir les renseignements concernant son prédécesseur afin qu'ils puissent le rencontrer. Sans perdre de temps, ils quittèrent l'espace des Chantiers de l'Atlantique pour se présenter, quelques centaines de mètres plus loin, à l'entrée des installations d'Airbus Industrie.

Un accompagnateur les dirigea au bureau du responsable de la restauration collective. Tout aussi affairé, il leur précisa, d'entrée, que l'heure n'était pas bien choisie. Il accepta malgré tout de répondre à leurs questions. Il avait appris le drame concernant Annie Dezruez.

Il gardait un excellent souvenir de cette collaboratrice qu'il avait même envisagé de récupérer à son service. Il s'étonnait de ne pas avoir été interrogé plus tôt à son sujet, d'ailleurs.

— Depuis quand la connaissiez-vous ? demanda Phil après de longs échanges empreints d'émotion.

— Sept ou huit ans, peut-être plus… Je l'ai eue comme employée au départ. C'était une bosseuse et une femme très sérieuse. Au fil du temps, elle avait pris des responsabilités. Elle aurait pu encore évoluer car elle avait du potentiel.

— La connaissiez-vous plus personnellement, voire intimement ?

— Qu'entendez-vous par là ? demanda-t-il, en rougissant.

— Si vous la connaissiez dans la vie privée…

— Je vais être très clair avec vous, dit-il en s'emportant un peu. Si votre question est : est-ce que je l'ai sautée ? Pour être direct, c'est non ! Est-ce que je la connaissais bien ? La réponse est oui. Je la connaissais mieux que quiconque dans la société. Je l'ai toujours soutenue. Après son divorce, il y a longtemps, elle voulait, à l'époque, s'en sortir seule. Et puis, elle a rencontré quelqu'un des Chantiers, mais ça n'a pas collé. Selon elle, c'était un obsédé et sans doute un type un peu schizo et parano. Elle l'a largué. Mais, il la faisait chier sans arrêt, lui téléphonant, la suivant en voiture, bref, il lui a rendu la vie impossible… Envahissant, il était pire que la vigne vierge…

— Saviez-vous de qui il s'agissait ?

— Non. Elle n'a jamais voulu me dire son nom. Elle ne voulait pas faire de vagues aux Chantiers. Et, je crois qu'elle devait avoir peur de lui. Je lui avais même proposé, pour retrouver la paix, qu'avec un copain, on lui donne une leçon, juste pour qu'il arrête de la poursuivre…

— Et alors ?

— Elle a refusé. En tous les cas, il lui a empoisonné la vie pendant des années. Elle a été obligée de changer son numéro de téléphone et de se mettre sur liste rouge, la galère, quoi… Puis, elle a cherché un autre logement, qu'elle a enfin réussi à trouver. C'était juste au moment de mon départ lorsque je suis venu prendre ce poste. Elle m'a dit, à l'occasion, qu'elle avait enfin retrouvé la paix.

— Connaissez-vous Jean-Claude Cuvier ?

— Oui, bien sûr, mais sans plus.

— Tournait-il autour d'Annie Dezruez ?

— Cuvier ? Non ! Il n'aurait d'ailleurs eu aucune chance. Cuvier, c'est un frimeur fini, avec sa moto et sa manie de draguer toutes les femmes qu'il voit, c'est tout… Il est connu, les femmes le savent.

— Adepte du tendron ?

— Non plus. Plutôt des femmes affirmées et légères à la fois…

— Avez-vous revu Annie Dezruez depuis votre départ des Chantiers ?

— Oui, bien sûr. Je l'ai croisée plusieurs fois et récemment même. Je l'avais enfin retrouvée, heureuse et rayonnante.

— Récemment, quand ?

— C'était en décembre, en ville, elle faisait des achats, avenue de la République. J'étais avec ma femme, nous sommes même allés au salon de thé ensemble. Elle voulait absolument nous inviter pour parler. Je ne l'avais jamais vue aussi heureuse.

— N'aviez-vous rien ressenti de bizarre… par exemple, que sous cette euphorie, elle pouvait vous cacher quelque chose, une crainte, un secret…

— Non, sûrement pas, je la connaissais trop, elle était nature et droite.

— Que vous avait-elle dit ?

— Qu'elle avait enfin rencontré un type formidable. Le grand bonheur. Elle envisageait de se marier et m'avait demandé d'être son témoin, c'est vous dire ! Et, je dois vous l'avouer, sincèrement, j'étais vraiment très content pour elle. Et puis, comme tout le monde, j'ai vu ce qui est arrivé dans le journal, je ne vous le cache pas, j'ai pleuré quand j'ai appris le drame.

Des larmes embuèrent ses yeux. Il paraissait véritablement sincère et très peiné. La douleur le submergeait. Ils tinrent le silence quelques secondes. Valérie paraissait tout aussi attristée par l'attitude de leur interlocuteur. Elle le couva d'un regard où se mêlaient tendresse et compassion. Mais, tout comme Phil, elle savait que l'homme venait de leur livrer une nouvelle piste… Était-ce la bonne cette fois ? Ils devaient absolument découvrir qui était cet homme qui avait rendu la vie impossible à Annie Dezruez. Phil reprit l'entretien avec délicatesse :

— Essayez de faire un effort pour vous en souvenir. Vous avait-elle glissé une information, un détail sur cet homme des Chantiers qu'elle avait fréquenté précédemment ?

— Non. À aucun moment. Elle était d'une discrétion totale sur ce sujet.

— Vous avait-elle donné le nom de son nouvel ami ?

— Pas plus. Pour ce dernier, elle m'avait seulement appris qu'il était breton, que c'était un brillant ingénieur et qu'elle me dirait tout fin janvier… Mon épouse partageait son bonheur et avait aussi tenté de la faire parler, de lui soutirer quelques renseignements par jeu mais, Ninie – oui, c'est ainsi que nous l'appelions entre nous – était très réservée. Je ne l'avais peut-être jamais vue aussi libérée et détendue. Elle faisait vraiment plaisir à voir… Depuis, nous avons découvert le nom de son ami dans les journaux.

— Pouvez-vous faire appel à votre mémoire pour tenter de vous souvenir d'un détail sur l'homme qui la poursuivait, ne serait-ce qu'une petite indication qui nous mettrait sur la voie…

— Je saisis bien l'importance de cette information. Mais, non, vraiment, je suis désolé. Je sais seulement qu'il occupait un emploi important, c'est tout. C'est pour cette raison qu'elle ne voulait pas faire de vagues, vous comprenez ?

— Qu'entendez-vous par “important” ?

— C'était aux yeux de Ninie. Le mot important peut ne pas avoir la même valeur selon le poste occupé par chacun.

— Nous vous demandons d'y repenser encore et d'en discuter avec votre épouse. Si quelque chose vous revenait, appelez-nous sur le portable indiqué sur notre carte, à n'importe quelle heure du jour ou de la nuit. Cette indication peut être déterminante dans notre enquête et permettre, sait-on jamais, d'arrêter le meurtrier de votre amie. Il peut s'agir de n'importe quel élément… Quelle voiture ? Où habitait-il ? Quel lieu fréquentait-il ? Faisait-il partie d'une association, d'un club, d'une obédience quelconque ? N'importe quel détail peut avoir son importance.

— Je vous promets d'y réfléchir et de l'évoquer à nouveau avec ma femme… Il leur adressa un long regard dans lequel on pouvait lire une compassion fugitive. Puis il haussa les épaules, comme mû par une certaine lassitude et demeura les bras ballants, marqué par un incoercible chagrin.

— Nous vous sommes reconnaissants de nous avoir accordé de votre temps et de la franchise dont vous avez fait preuve. Tout ceci a dû être difficile pour vous !

Phil et Valérie prirent congé. L'homme resta presque immobile sans reprendre son travail, assis, le regard impassible et vide, perdu dans ses réflexions alors que les deux OPJ quittaient le bureau.

Ils se retrouvèrent rapidement dans leur voiture à la sortie des imposantes installations d'Airbus Industrie. Ils savaient qu'ils devaient, à présent, travailler à cette tâche : découvrir qui était cet homme qu'Annie Dezruez avait fréquenté, puis repoussé et qui l'avait harcelée ensuite pendant un certain temps…

Chacun réfléchissait à la façon de s'y prendre. Ils échangèrent des regards comme pour décider lequel d'entre eux prendrait la parole. Leur embarras restait presque palpable. Phil lui sourit et Valérie se rembrunit, une once de gêne voilait son regard. Elle rompit le silence :

— Nous devons voir le patron en rentrant. Il faut mettre du monde sur le coup pour tenter de cerner l'entourage d'Annie Dezruez et localiser ce type… Personne ne veut me croire ni me suivre sur une affaire de crime passionnel, pourtant…

Quand Phil parla, sa voix, curieusement grave, était calme et naturelle :

— Peut-être. Après tout. Il ne faut jamais négliger l'intuition féminine !

Cette imperceptible hésitation de Phil n'échappa pas à Valérie dont le visage s'illumina et l'effet de ses paroles lui procura une extrême satisfaction.

Elle enchaîna aussitôt :

— Est-ce que cela voudrait dire que tu serais enfin de mon côté ?

Phil avait appris à se méfier des intuitions autant que des jugements superficiels, mais il devait admettre que, dans ce cas bien précis, il s'agissait de la seule piste sérieuse. Et Valérie avait la manie de lui lancer des ultimatums qui le laissaient totalement désarmé.

— Après l'entretien que nous venons d'avoir, cette trace du passé doit être explorée, en effet…

Sur le chemin du retour, ils arrêtèrent là leur discussion, chacun faisant appel à présent à sa propre réflexion. Le témoignage apporté avec une si évidente sincérité, une telle assurance, avait été accablant. Ils écartaient l'hypothèse Cuvier. Un doute s'installait, nécessitant une nouvelle voie de recherche.

Phil laissa Valérie expliquer aux deux collègues le résultat de leurs entretiens, ce qu'elle fit avec une pointe de fierté.

Ses mots se voulaient solennels. Mais sa voix tremblait un peu. Par instants, elle relevait les yeux, attendant une approbation que Stéphane, d'un sourire, lui donnait.

Au terme de l'exposé, comme Phil l'avait fait précédemment, à défaut d'autres solutions, Stéphane et François s'alignèrent sur le point de vue de Valérie, la comblant d'aise. Désormais unis par un même objectif, ils se rendirent chez le patron.

Ce dernier écouta calmement Valérie et ne traîna pas à se décider : ce n'était plus le temps des circonlocutions, il fallait aller de l'avant.

— Il n'y a pas de temps à perdre. Il faut agir ! Et vite ! Vous vous y mettez tous et je me charge de vous adjoindre quelques hommes en tenue… Comment comptez-vous vous y prendre exactement ?

— En interrogeant d'abord le groupe de salariés présents lors de la soirée du 6 janvier.

— Et si vous ne découvrez rien, cela veut-il dire que vous voulez interroger tout le personnel des Chantiers ? Là, j'imagine que vous avez mesuré qu'il ne s'agit plus de la même donne… entre plusieurs dizaines et des milliers !

Chacun garda le silence un instant. Après réflexion, Phil fit une proposition :

— Il est clair que nous devons tout faire pour tenter de découvrir qui est cet homme qui a harcelé Annie Dezruez. Mais, je pense que ceci nous oblige à avancer par étapes. La première consistant à nous occuper du groupe de la soirée et, avant de passer à l'échelle au-dessus, pourquoi ne pas tenter une expérience par l'odorologie en soumettant tout ce groupe au test du chien et procéder ainsi par élimination ?

— Je suis tout à fait d'accord avec cette proposition. Il nous appartient d'assumer nos choix et de continuer.

À une période de dépit et à cette épidémie de

morosité qui avait touché la troupe, succéda un élan de jubilation quand ils quittèrent le bureau du patron. Dans une enquête, l'évolution se fait souvent en dents de scie et il est des moments ineffables, comme celui-ci, qui redonnent du tonus et de l'espoir pour repartir de plus belle.

Sans plus attendre, ils reprirent les listes du personnel présent lors de la soirée du 6 janvier. Ils allaient se répartir les tâches, au moment même où l'officier de police en tenue fit son apparition. Il s'organisait pour mettre trois binômes à leur disposition pour le jeudi 26 et le vendredi 27. Au-delà, il ne pouvait plus maintenir son soutien pour des raisons liées aux besoins du service qu'il devait assurer.

Dans l'heure suivante, chaque équipe avait sa liste de personnes à interroger.

*

* *

Le vendredi 27 au soir, toutes les équipes se réunirent pour établir le bilan. Un bilan désastreux à cause de Cuvier. Ce dernier avait, en effet, rejoint son poste et "arrosé" autour de lui son ressentiment sur la police, sur ses agissements et sur sa promptitude à se servir d'apparences. De ce fait, chacune des personnes interrogées se repliait systématiquement ; comme les petites statuettes représentant les trois singes : ils n'avaient rien vu, rien entendu et n'avaient rien à dire…

Les quatre OPJ étaient fous de rage car, indéniablement, même si quelqu'un savait quelque chose, plus personne ne voulait se risquer à donner la moindre indication. Pourtant, il était évident que plusieurs devaient connaître la relation d'un de leurs collègues avec Annie Dezruez, à une époque donnée. La stabilité dans les postes aux Chantiers accréditait cette hypothèse. Mais, rien à faire, un lourd couvercle pesait désormais sur cette affaire et une sorte d'omerta spontanée s'était établie autour d'elle.

Le patron le comprenait et en convenait. Phil et François resteraient le week-end pour terminer de rencontrer, à leur domicile cette fois, les personnes qu'ils n'avaient pas pu interroger sur le chantier. Un ultime point serait fait dès lundi matin…

La mort dans l'âme et déçus par les résultats, Phil et François s'apprêtaient à passer la fin de semaine loin de leur famille.

Au fil des entretiens, ils n'apprirent rien d'essentiel. Pourtant, leur instinct leur conseillait de poursuivre jusqu'au bout, de ne rien négliger, de n'oublier personne et de ne rien laisser passer. Ils ressentaient de plus en plus douloureusement cette situation malgré toute l'ardeur qu'ils y mettaient.

Ils avaient l'impression que le destin s'était moqué d'eux dans cette enquête. Tous les interlocuteurs se montraient embarrassés et muets. Ils ne voulaient visiblement qu'une chose, ne rien dire...

Ils passèrent les deux derniers jours de la semaine à sillonner la ville dans tous les sens. Ils se rendirent aussi à l'extérieur, vers les villes périphériques et, au-delà, jusqu'à Guérande, La Baule ou Pornichet, se consolant de l'éloignement de leur famille en appréciant les fabuleux décors qui s'offraient à leurs yeux. Le ciel était clair. Un vent glacial cinglait comme la faux d'un moissonneur. À chaque fois qu'ils sortaient de leur voiture, ils devaient se couvrir, remonter leur col, rentrer la tête dans les épaules. Un soleil pâle soulignait les froids contours des lieux visités. Le spectacle de chaque site les fascinait tout au long de leurs déplacements. Ici, le temps restait sec, ce qui n'était pas le cas d'une grande partie de la France et de l'Europe qu'une couche de neige recouvrait, rendant difficile tout déplacement.

Le dimanche, en fin de journée, ils avaient bouclé tous les interrogatoires, sans succès. Ils avaient beau lire et relire les témoignages recueillis... pas la moindre trace d'information exploitable. C'était comme puiser de l'eau avec un panier. Pourtant quelque chose flottait dans leur éther mental qu'ils n'arrivaient pas à cerner, à ferrer.

Phil et François, renfrognés, avaient passé la soirée à établir la synthèse des pistes à remettre au patron le lendemain matin. Mais rien ne leur permettait d'être optimistes et ils répétaient, à tour de rôle et à plusieurs reprises, qu'il s'agissait "d'une vraie enquête de merde !". Devant eux, éparpillées, les pièces du dossier et les images crues les obligeaient, en cette fin de dimanche, à s'isoler du monde, de leur famille qu'ils imaginaient blottie devant la cheminée, de leurs collègues aussi qui, même chez eux, devaient penser à cette affaire.

— Bon, fit François, à part ça ?

Phil avait perçu comme de l'impatience dans la voix de son collègue, l'irritation n'était pas loin. Il tenta d'énoncer, une fois encore, les éléments en leur possession. François s'était assis sur le coin d'un meuble bas. Il écoutait à présent avec une distraction plus apparente que réelle. Son calme avait quelque chose d'apaisant mais aussi d'exaspérant car il avait adopté l'air pénétré d'un homme qui n'écoutait plus le moindre mot. Son esprit était certainement occupé à suivre son propre cheminement. Phil avait le sentiment de ne plus exister. D'être devenu transparent. Il secoua la tête avec une expression faussement dépitée et reprit :

— François ! Entends-tu ce que je dis ?

— Bien sûr ! Tu disais que... François hésita, puis fixa Phil comme s'il donnait dans la glossolalie. Excuse-moi, je ne suivais pas... Je n'arrive pas à comprendre ce qui se passe. Qui a intérêt à cacher le nom de l'ancien ami d'Annie Dezruez, et pourquoi ?

— S'il s'agit d'un important chef d'équipe, il est normal que personne ne parle. Combien d'entre nous sont prêts à risquer leur carrière pour jouer les Don Quichotte ?

— Ouais, bien sûr... Mais, dans ce cas-là, notre croisade est vouée à l'échec. Tu crois à la piste de Valérie ?

— Je ne vois plus que cette hypothèse. Le plus grand nombre de meurtres tournent toujours autour de l'amour, l'argent et la folie... Et cela dans près de quatre-vingt-dix pour cent des cas. Aussi, en l'occurrence, je verrais bien l'amour et la folie comme mobiles dans notre affaire.

François le considéra longuement, se demandant quelles idées pouvaient bien s'agiter dans la tête de son collègue. Il lui accorda un sourire maladroit.

— Peut-être as-tu raison, finalement...

Ils jetèrent une nouvelle fois leur curiosité désœuvrée dans les hypothèses les plus compliquées, sans succès, avant de décider de ramasser leurs affaires.

Le soleil rouge du couchant embrasait les nuages à l'horizon, jetant sur la ville une teinte particulière avant que les ténèbres ne viennent tout envelopper. Plus tard, en sortant du commissariat, il n'y avait déjà presque plus de lumière dehors, le noir était venu et le froid aussi. Mais, pas de neige, malgré les diverses menaces de la journée, contrairement à la moitié sud de la France où elle était tombée en abondance.

Ils frissonnèrent et, en quittant les locaux, quelque chose continuait à leur étreindre le cœur. Ils décidèrent d'aller manger face à la mer ; même s'ils ne la voyaient pas, ou à peine ; dans la transparence bleuâtre de la nuit, ils éprouvaient le besoin de la sentir toute proche. Ils voulaient aussi s'offrir un moment de détente, c'était dimanche après tout…

Ils parcoururent les journaux locaux, aucun ne faisait état de l'affaire. D'autres sujets d'actualité avaient pris la place. En rejoignant leur hôtel, ils réalisèrent qu'ils avaient l'esprit plutôt maussade et se surprirent à avoir hâte au lendemain afin de retrouver Valérie, Stéphane, le patron et les collègues et de lancer le coup d'envoi avec le chien et les spécialistes d'odorologie. Seul, le risque fait progresser l'homme !

IX

Lundi 30 janvier.

Le froid sec et glacial persistait, mais les jours rallongeaient sensiblement, de plus d'une heure en ce premier mois de l'année. Le soleil blanc sur l'horizon ouvrait un couloir de lumière aveuglante sur la mer dans les ondulations scintillantes de tous ses feux. Des traces d'avions, semblables aux lignes de vie dans une main céleste, très légères, sillonnaient le ciel matinal, dont le bleu s'annonçait bien pâle. Les mouettes tournaient en larges cercles, en quête d'un poisson. L'espace piétonnier bordant la plage était encore désert et les petites barques, amarrées à leur corps mort, dodelinaient tout doucement.

Phil avait les yeux cernés. Il avait passé une nuit agitée, pleine de cauchemars qui l'accablaient encore, alors qu'il ne s'en souvenait même plus. Avant de reprendre la direction de l'Hôtel de police, il se contenta de dire :

— La nature me réconcilie avec la vie…

Ils se réjouirent de retrouver leurs collègues et le

cérémonial du café près de la machine les réconforta. Les équipes avaient effectué des journées de seize heures tout au long de la semaine dernière. La fin de semaine avait été plus tranquille. Ce lundi, le calme relatif fut rompu par l'appel du patron et ils n'eurent guère le temps de se raconter leur week-end.

Chacun reprit, par une sorte d'atavisme, sa place habituelle dans le bureau, face au patron. François fut chargé de rendre compte de l'état général des travaux réalisés. Il parlait lentement, d'une voix monocorde : le soliloque d'un homme perdu dans les brumes de ses pensées confuses comme s'il ne s'adressait qu'à lui-même.

Au terme des conclusions, le patron leur jeta un regard sagace mais méfiant. Puis il eut un sourire qui se voulait plein d'indulgence et de compréhension et, tout de suite, son expression se transforma de façon radicale.

Il annonça aussitôt :

— Je crois que ça suffit. J'appelle le procureur et je lui demande une commission rogatoire pour intervenir sur les Chantiers à la fin de la journée de travail afin de rassembler tous les permanents qui participaient à la soirée du 6 janvier et nous faisons débarquer tous les moyens du service d'odorologie…

— Et si ça ne marchait pas ? s'inquiéta Valérie, cherchant dans les yeux de ce dernier le reflet de sa propre conviction.

— Nous passerons tout le monde en revue, groupe par groupe, des permanents aux co-réalisateurs, aux étrangers. Le chien doit avoir accès à chacun et personne ne pourra s'y soustraire ! Le ton se voulait définitif.

Ils ne s'étaient pas levés pour quitter le bureau que, déjà, le patron avait empoigné son téléphone et tentait de joindre le procureur ou un substitut.

Toute la journée fut nécessaire pour caler, avec la DRH des Chantiers, la possibilité de soumettre au flair du chien tout le personnel présent à la soirée du 6 janvier. Cet examen devait rester confidentiel. Il était convenu seulement de mettre une salle à disposition dans laquelle des groupes prendraient place à tour de rôle. Afin de ne pas jeter le discrédit sur les salariés du chantier plus que sur les autres travailleurs et afin d'éliminer toute discrimination, il fut décidé que des groupes homogènes de vingt personnes environ, constitués d'un mélange de permanents, co-réalisateurs et intérimaires, s'y suivraient pour cet examen. Les spécialistes vinrent installer leur matériel dans le courant de l'après-midi. À l'heure de la débauche, tout était fin prêt. Le patron et le procureur avaient tenu à être présents. Fort heureusement car, une heure avant le démarrage de l'opération, les représentants syndicaux avaient demandé à être entretenus du déroulement de cette action hors du commun, en présence des représentants de la DRH.

Les explications policières fournies, chacun fut rassuré, la seule finalité étant de tenter de démasquer le ou les meurtriers de Michel Le Kerbraz et d'Annie Dezruez ; les partenaires sociaux acceptèrent une totale collaboration.

La tension se lisait sur les visages de Valérie, Stéphane, Phil et François. Le patron et le procureur ne semblaient pas plus rassurés. Le premier groupe prit place dans la salle.

Les secondes suivantes furent pesantes pour tout le monde. Un silence glacial régnait. Le chien fit un premier passage avec son maître et resta totalement indifférent... Second passage, rien. Aucun signe.

Le doute s'installait de plus en plus fortement dans l'esprit des quatre OPJ. Il restait encore cinq groupes à soumettre au test. Un des responsables de la DRH qui s'était éloigné quelques minutes pour discuter avec les partenaires sociaux et les cadres, revint vers le patron et le procureur. Il leur demanda discrètement :

— Les cadres doivent-ils aussi se présenter dans les groupes ?

— La réponse claqua comme une porte de la part du patron. Nous avons dit : TOUT LE MONDE. SANS EXCEPTION ! C'est clair, non ? dit-il avec la sécheresse et le ton distant des grands timides qui cachent leurs sentiments sous une carapace.

Le responsable du personnel approuva de la tête,

gêné, sans répondre, regrettant d'avoir posé la question et s'en retourna vers les deux derniers groupes en cours de formation.

Vint le tour du dernier, celui de l'ultime chance. L'encadrement et les agents de maîtrise constituaient cette fois l'essentiel des effectifs. Les secondes devinrent interminables, le stress s'ajoutait au trac et à une angoisse palpable chez chaque OPJ. Valérie eut le courage de se tourner vers Phil et de lui faire un petit signe des deux mains montrant qu'elle croisait les doigts… Puis, tout se figea.

Le chien entra en salle, aussi indifférent que les fois précédentes, puis… il s'arrêta tout net et fonça sur un homme qui se tenait derrière un autre. Tout le monde se raidit. Valérie serra très fort le bras de Phil et de Stéphane, placés de part et d'autre. Le maître-chien retint son animal. L'homme se montra terrorisé, il écarquilla les yeux, il ne comprenait pas ce qui arrivait. Le maître-chien quitta la pièce. La bête se montrait très nerveuse. Elle fut une nouvelle fois confrontée aux bocaux tandis que, dans la salle, une responsable de l'équipe spécialisée demandait à toutes les personnes du groupe de changer de place. Le ton était calme, inflexible mais sans rudesse. Et du temps s'écoula encore…

L'expérience reprit, l'animal s'excita une nouvelle fois sur le même homme dont le regard prenait une lueur de défi et peut-être de démence aussi…

— Démonstration concluante, glissa le patron à l'oreille du procureur qui se contenta d'approuver de la tête.

La règle imposait de reproduire une troisième fois l'expérience en déplaçant encore les personnes. Un bourdonnement de voix montait dans la salle. Le représentant de la DRH et les partenaires sociaux étaient atterrés. De nombreuses personnes se chuchotaient à l'oreille. L'ambiance était particulière, psychologiquement angoissante pour chacun et, à la fois, rassurante pour le plus grand nombre, le dénouement s'annonçait, tout proche…

Le chien était de plus en plus nerveux et, lorsqu'il entra en salle, son maître dut se montrer ferme car il se dirigea pour la troisième fois vers le même homme. Tous les regards se dirigèrent cette fois vers lui, insistants et culpabilisants…

Valérie se tourna vers Phil en lâchant un seul mot de surprise :

— Lui ? Tu crois que c'est lui ?

— Je crois au flair du chien et que, lorsque quelqu'un fait cette tête-là, c'est qu'il sait qu'il est coupable, mais qu'il ne sait pas encore comment ça va se passer pour lui…

L'homme… Jacques Mercier… était tétanisé. Il tenta de bafouiller quelques mots incompréhensibles. Tous les membres du groupe s'écartèrent alors spontanément de lui.

Il était seul. Les bras ballants, il regarda autour de lui.

— Mais qu'est-ce qui se passe ? Mais qu'est-ce que vous avez tous à me regarder ? Je n'ai rien fait ! Je n'ai rien fait, je n'ai rien fait… bredouilla-t-il plusieurs fois en baissant le ton et la tête.

Le procureur et le patron vinrent vers lui afin de lui signifier ses droits dans le cadre d'une garde à vue. Le patron fit signe aux quatre OPJ qui n'avaient pas encore bougé de place, intimant d'un geste de la tête de prendre en charge Jacques Mercier afin de le conduire à l'Hôtel de police. Les quatre officiers de police judiciaire l'encadrèrent et l'accompagnèrent à la voiture puis filèrent, sans plus attendre, en direction du bureau. Pas un seul mot ne fut prononcé tout au long du parcours. Jacques Mercier paraissait hébété.

Toutes les personnes encore présentes étaient consternées. Pour toutes, l'expérience qu'elles venaient de vivre paraissait tellement illogique et inexplicable qu'une certaine incrédulité régnait dans les rangs. Des petits groupes se formèrent pour parler, se taisant aussitôt qu'un policier s'approchait d'eux.

Le procureur, le patron et le représentant de la DRH vinrent rejoindre les spécialistes d'odorologie qui ramassaient leur matériel après avoir récompensé le chien.

Le procureur s'adressa à eux :

— Bon travail, Messieurs ! Vous venez de faire du bon boulot !

Le représentant de la DRH se tourna vers le procureur.

Il arborait cet air particulier, fait d'arrogance et de candeur mêlées, un peu hautain.

— Vous êtes sûrs de ce que vous faites ?

— Nous ne pouvons jamais l'être à cent pour cent, mais disons que la probabilité est très forte. Jusqu'à ce jour, elle s'est toujours vérifiée dans ce genre de situation…

— Je suis sidéré… Mercier est un excellent cadre ! s'exclama-t-il avant de poursuivre un éloge appuyé sur sa probité et son sérieux.

— Peut-être, mais ceci n'a rien à voir. Ce ne sont pas ses aptitudes dans l'exercice de ses fonctions qui sont mises en cause.

— Non, bien sûr… Je m'en doute.

— Vous le connaissez bien ?

— Tel que nous pouvons le connaître au travail.

— Je veux parler sur le plan humain ou, disons, plus personnel, quel est votre sentiment à son égard ?

— Comme je viens de vous le dire, c'est quelqu'un de discret, plutôt effacé. Je dirais même que, souvent, il cache une sorte de désespoir sous une certaine forme d'ironie. Je ne serais pas surpris qu'il soit violent ou, du moins, capable de réagir violemment dans certaines circonstances…

— Très bien. Nous allons l'interroger et vous tiendrons informé.

— Comment dois-je agir pour les personnes contactées mais absentes ce jour pour diverses raisons ?

— Vous leur demandez de se présenter demain matin à l'Hôtel de police. Nous devrons procéder à une nouvelle mise en situation avec un autre chien, dans un autre lieu avec d'autres personnes, c'est la loi… Ce qui est bien chez les animaux, c'est qu'ils ne parlent pas et qu'entre eux, ils ne peuvent rien se dire, ils sont neutres…

L'homme ne répondit pas, se contentant d'approuver de la tête, puis s'en alla, le front soucieux, en direction de ses bureaux, d'une démarche un peu lasse et l'air désabusé. Son visage trahissait un sentiment partagé entre l'aigreur et les regrets. Il venait de vivre une aventure blessante, une expérience qui engendrerait en lui une méfiance quasi pathologique. Mais, en rentrant dans son bureau, il semblait déjà avoir évolué dans sa façon de penser et considérait, sur un tout autre plan, avoir vécu assez de cas de trahison pour ne plus se bercer d'illusions sur la nature humaine… Ceci se combinait déjà avec sa capacité apparente à s'attendre au pire et à l'accepter avec sagesse.

Le personnel, encore présent, s'éparpilla peu à peu. Le procureur se mit d'accord avec le patron. Dans l'immédiat, il rejoignait son bureau mais viendrait le lendemain matin à l'Hôtel de police, rue du Général de Gaulle. Il lui demanda cependant, dès à présent, de mettre des personnes à la recherche d'informations sur cet homme : enquête de voisinage et indications diverses. Il fallait cerner sa personnalité et connaître son environnement. Et, si l'interrogatoire ne donnait rien dans la nuit, il fallait déclencher une perquisition chez lui et à son bureau, dès l'heure légale, pour, au moins, être le plus renseigné possible au moment de reproduire les tests avec un autre chien…

Pendant ce temps, les quatre OPJ venaient d'installer Jacques Mercier dans le bureau afin de procéder aux interrogatoires. Ils reprirent ses dépositions des entretiens précédents. Si, pour Valérie et Phil, les choses semblaient entendues, le doute subsistait pour les deux autres collègues. Ils acceptaient mal cette éventualité.

François et Stéphane se remémoraient leur première rencontre dans son bureau. Curieusement, c'était une des premières personnes rencontrées sur les Chantiers au tout début de l'enquête. S'ils n'avaient jamais émis le moindre doute sur quelqu'un, c'était bien sur lui qui n'avait rien d'un suspect et ils n'acceptaient pas encore cette idée.

François se disait que, dans son métier, il avait brassé pas mal d'affaires criminelles, le plus souvent sordides avec, pour certaines, des motifs absurdes, mais il y avait, cependant, toujours eu une sorte de point commun entre tous les coupables : outre le fait d'être des criminels, ils étaient le plus souvent tordus, maniaques, nuisibles et on ressentait toujours quelque chose à leur encontre à un moment ou à un autre. Mais, chez Jacques Mercier, qu'il continuait toujours à respecter pour le poste qu'il occupait, ça ne semblait pas être le cas. Il n'arrivait pas à le mettre dans la peau d'un tueur.

Valérie s'était installée au micro et répétait déjà, à haute voix, l'identité de Jacques Mercier en préambule à l'interrogatoire qui allait démarrer aussitôt. Sans plus attendre, ils entrèrent dans le vif du sujet : la soirée du 6 janvier.

— Je suis parti dans les derniers et j'ai même proposé à un collègue de le déposer chez lui en passant car il habite sur ma route. Puis je suis rentré chez moi.

— Qui était ce collègue ?

— Jean-Paul Brisson, c'est un de mes gars, vous pouvez vérifier !

Stéphane nota les coordonnées de cette personne et quitta le bureau pour le contacter. Celle-ci s'en souvenait parfaitement et attesta qu'il avait bien été raccompagné par Jacques Mercier à son domicile. Non, il n'avait rien remarqué de particulier chez ce dernier. Sur le chemin, ils avaient évoqué la disparition du véhicule du Polonais et le déroulement de la soirée. Il se rappelait que les sièges arrière du véhicule de Jacques Mercier étaient rabattus et que son VTT se trouvait à l'arrière, sinon, il n'avait rien de plus à ajouter. Vint l'ultime question :

— Savez-vous si Jacques Mercier a entretenu des relations personnelles avec Annie Dezruez ?

— Aucune idée. La vie privée de chacun…

Stéphane tenta bien d'y revenir par diverses manières mais son interlocuteur se refermait aussitôt comme une huître dès qu'il fallait donner des informations sur celui qui était encore son grand chef.

Discrètement, Stéphane rendit compte à ses collègues de son entretien et décida de reprendre les questions :

— Monsieur Mercier, rappelez-nous le déroulement de votre départ, ce soir-là.

— Mais je viens déjà de le dire et de le répéter. Quand le Polonais a constaté la disparition de son véhicule…

— Quelle heure était-il ?

— Vers vingt-deux heures, plusieurs personnes sont sorties. Nous avons tous parlé un peu entre nous puis, quelques instants après, j'ai décidé de rentrer. Je n'étais pas pressé, vous savez quand on est célibataire, on a le temps… C'est là que j'ai proposé à Jean-Paul Brisson de le déposer chez lui. Est-ce qu'il vous l'a confirmé ?

— Oui.

— Vous voyez bien !

Il venait de reprendre un peu plus d'assurance.

— Vous faites du VTT, monsieur Mercier ?

La question surprit autant Jacques Mercier que ses collègues. Où Stéphane voulait-il en venir ?

Il marqua un temps de silence, comme si la question venait de le bloquer. Puis, se ressaisissant, il rétorqua :

— Pourquoi, c'est interdit ?

— Répondez à ma question.

— Oui.

— Et vous trimballez ainsi tout le temps votre vélo dans votre voiture ?

— Non, essentiellement en fin de semaine. Comme je vis seul, il m'arrive de mettre mon vélo à l'arrière de ma voiture en rabattant les sièges arrière.

— Vous faites du vélo seul ?

— Oui, généralement, je préfère aller à mon rythme.

Il se détendait à nouveau un peu comme si cette question avait constitué pour lui une alerte chaude. Stéphane n'insista pas dans cette voie.

— Après avoir déposé votre collègue, qui peut attester de votre présence à votre domicile ensuite ?

— Vous m'expliquerez comment un célibataire peut justifier de sa présence chez lui… Quand vous aurez la réponse faites-moi signe ! Et puis, à la fin, pourquoi suis-je ici, vous pouvez me le dire ?

— Vous êtes en garde à vue pour le meurtre de deux personnes !

— Ah ? Et c'est le chien qui vous l'a dit, c'est ça ?

— CESSEZ VOS RÉFLEXIONS IRONIQUES MONSIEUR MERCIER, CECI N'EST PAS UN JEU ! s'énerva François.

— Je tente de répondre à vos questions en essayant de comprendre ce qui se passe, puisque vous ne voulez rien me dire.

— Quels étaient vos rapports avec Michel Le Kerbraz ?

— Je vous l'ai dit dès notre premier entretien. Bons. Au point même de ne pas exclure de le faire recruter par les Chantiers ; ça doit être écrit dans votre rapport, non ? Généralement sûr de lui, Mercier devenait nerveux face à cet aréopage.

— Connaissiez-vous Annie Dezruez ?

Il resta silencieux tout en regardant par la fenêtre pour se donner le temps de rassembler ses esprits. Manifestement, il faisait tout pour se contrôler. Il soupesa sa réponse et prit une profonde inspiration avant de la formuler et de répondre calmement :

— Oui, comme toutes les personnes qui déjeunaient dans le self dont elle avait la charge.

— Mais encore…

— Je vous ai répondu ! Il garda un moment le silence. Dans quelle mesure je devrais être impliqué dans cette affaire ?

— Vous êtes-vous déjà rendu chez elle ?

Il se creusa la cervelle pour trouver au plus vite

une explication. Aucune ne tenait debout ni ne le rassurait complètement. Après réflexion, il considéra qu'il ne lui restait qu'une solution : se taire tout simplement. Tête baissée, il garda le silence.

— Répondez !

— Jamais, j'ignore où elle habite !

— Pouvez-vous nous le certifier ? Prenez votre temps pour répondre, ce point est très important.

— Écoutez, je n'ai rien à me reprocher et je ne vois pas du tout pourquoi je suis ici. Aussi, à partir de maintenant, je ne répondrai à aucune de vos questions et, quand le temps réglementaire de la garde à vue sera terminé, vous voudrez bien me raccompagner à mon domicile, point final ! dit-il en découpant les mots comme on découpe un dessin en pointillés dans une feuille de papier.

— Vous me haïssez, n'est-ce pas ? ajouta-t-il en regardant tour à tour chacun des OPJ.

— Nous n'avons pas l'habitude de porter des jugements sur les suspects, répondit froidement François.

Jacques Mercier croisa les bras, se contenta de regarder le sol et s'enferma dans un mutisme total.

Chaque OPJ tenta de le sortir de son silence en employant différentes méthodes, sans succès. Les quatre OPJ firent venir deux gardiens de la paix pour le garder et s'isolèrent chez le patron afin de lui rendre compte de la situation. Ce dernier se montra très embarrassé.

— Il est clair que nous avons affaire à un type intelligent, instruit, parfaitement capable de nous tenir tête. Il nous faut des billes car, si la reconnaissance par le chien constitue une présomption accablante, ceci ne forme pas une preuve suffisante pour le mettre en examen. Je viens de faire partir deux binômes en tenue pour se renseigner sur lui dans son environnement. Pendant ce temps-là, un de mes gars étudie la question du côté des RG*… Récupérez sa photo et je demande à un de mes deux binômes, à leur retour, d'aller effectuer une enquête de voisinage dans l'immeuble d'Annie Dezruez. Et, demain matin, première heure, nous perquisitionnons, en sa présence, son domicile et son bureau. Puis, courant de matinée, vers dix heures, nouvelle séance avec un autre chien et les personnes absentes aujourd'hui.

— Et si, cette fois, ça ne donnait rien avec le chien ? demanda Valérie.

— Là, nous sommes mal. Mais, si nous avons une nouvelle désignation par le deuxième chien, nous ne sommes guère plus avancés, nous devons absolument découvrir quelque chose, sinon cela finira comme pour Cuvier, nous serons tenus de le libérer et là, je ne vous dis pas les dégâts ! J'entends déjà le procureur… Il est aussi prompt à distribuer les félicitations que les engueulades, mais je préfère les premières !

*Renseignements Généraux.

— Que faisons-nous dans l'immédiat ?

— Tentez une nouvelle fois de reprendre l'interrogatoire. Si ça ne donne rien, vous le mettez en cellule. Je souhaite qu'au moins l'un d'entre vous reste ici cette nuit pour coordonner les retours de mes gars et le sonder de temps en temps tout au long de la nuit. Sans compter qu'il faudra absolument le surveiller, car si notre homme se suicidait avant de parler, je ne vous dis pas… Et, demain matin, heure légale, tout le monde sur le pont pour la perquisition.

Le patron restait parfaitement conscient du risque qu'il prenait. Mais, ce type, il le croyait coupable et il fallait le serrer, le faire tomber.

Ils approuvèrent tous les quatre de la tête et se levèrent, la mine déconfite. Phil et François décidèrent de rester ensemble, quitte à être loin de leur famille, il était préférable de laisser Valérie et Stéphane rentrer chez eux. Ils procédèrent aussitôt comme convenu. Jacques Mercier ne desserra pas les dents sauf pour accepter un sandwich et une bouteille d'eau.

C'était, à présent, un homme plutôt tourmenté. Il avait le regard incroyablement dur. Personne n'aurait aimé qu'il en ait après lui avec une telle dose d'agressivité dans le regard. Il fut conduit en cellule, sous surveillance, la nuit devant porter conseil.

Une longue nuit s'engageait. Phil et François se sentaient de plus en plus rongés par le doute.

Pour l'instant, rien ne permettait de mettre Mercier

en examen. Ils restaient cependant persuadés que, tout au long de la nuit et demain matin, chaque chose viendrait en son temps et, de toute évidence, en ordre dispersé. Cette fois, il ne pourrait plus se faufiler entre les mailles… Quelque chose, ils le savaient, n'allait pas et il fallait y remédier car leur univers, à la fois individuel et professionnel, était menacé et ils ressentaient ce malaise comme un danger personnel.

Lentement, la vérité prenait corps. Mais il leur fallait démontrer sa culpabilité, le faire avouer et le mettre en examen. Ils s'accrochaient pour l'instant encore à cette hypothèse même si un sourd découragement les envahissait.

X

Mardi 31 janvier.

Phil et François accueillirent leurs deux collègues avec un réel plaisir. La nuit avait été longue et les renseignements obtenus pas sensationnels. Quelque chose de plus profond que le manque de sommeil les tourmentait.

Le patron récapitula les éléments recueillis :

— En résumé, c'est un type "tout ce qu'il y a de normal". Il ne se drogue pas... Bien que discret, il entretient de bonnes relations avec son voisinage. Bien sûr, il n'a pas de casier judiciaire. Il a suivi des études supérieures. Natif de Saint-Nazaire, il est venu s'installer dans sa ville natale en entrant aux Chantiers, dès ses études terminées. C'est un chef courtois et apprécié de ses équipes. Il ne milite pour aucune cause. Il paye ses impôts, ses amendes, n'a jamais été arrêté en état d'ivresse ou pour excès de vitesse... En conclusion, tout tient en un seul mot : RIEN !

Un silence pesant s'installa quelques secondes. L'officier de police en tenue se présenta alors à la porte et vint s'asseoir en compulsant ses notes.

— Le binôme que nous avons mis sur l'enquête de voisinage dans l'immeuble d'Annie Dezruez vient de me remettre son rapport. Deux voisins ont vu un homme arriver avec la voiture de Michel Le Kerbraz et la garer là où elle a été découverte…

— Et ils ont reconnu Mercier ? demanda précipitamment le patron.

— C'est-à-dire qu'ils ne sont pas certains, tout au moins d'après notre photo. Ils le pensent mais ne peuvent pas le certifier. L'un d'entre eux rentrait d'une balade avec son chien et ne se trouvait pas assez près de lui. L'autre revenait des courses et cherchait à se garer au plus près de l'entrée afin de vider son coffre. Une chose est absolument certaine : ce n'est pas Michel Le Kerbraz qui a garé sa voiture, car les deux voisins le connaissaient bien et le saluaient toujours. Or, cette fois, le conducteur s'est empressé de filer vers l'entrée de l'immeuble en baissant la tête pour éviter le regard des autres. Ils sont formels…

— C'est maigre, mais, c'est au moins un élément. Et ça s'est passé quand ?

— Le samedi, en fin de matinée, plutôt vers treize heures…

— Avaient-ils remarqué la voiture garée à cet endroit avant ?

— Non. Sur ce point, ils sont formels, il s'agit bien de l'homme aperçu qui est venu la garer à cet emplacement. Il l'a même verrouillée en s'éloignant car ceci provoque le déclenchement des feux de détresse pendant quelques secondes. Les témoins sont formels.

— Le samedi midi, ce ne pouvait pas être Michel Le Kerbraz, de toutes façons, il était décédé la veille… Cela pourrait aussi vouloir dire, dans ce cas, que cet homme, non identifié pour l'instant, pourrait être le meurtrier d'Annie Dezruez. Le patron garda le silence un instant pour réfléchir. Bien. Nous allons procéder aux perquisitions comme convenu. Selon ce que nous allons découvrir, et après le test du chien, nous ferons appel aux deux voisins pour tenter de voir s'ils reconnaissent Mercier à travers la glace sans tain…

Jacques Mercier se laissa tirer par le bras jusqu'à l'accueil. Ils se comportaient avec lui comme on traite un enfant pas très sage dont on redoute à chaque instant qu'il échappe à votre périmètre de vue. Il refusait toujours de parler. Rien ne semblait être en mesure de l'atteindre après cette nuit sans sommeil. Il avait pourtant de gros cernes sous les yeux. En sortant de l'Hôtel de police, ils furent surpris par la présence de quelques journalistes qui avaient eu vent de la démonstration de la veille aux Chantiers et venaient aux nouvelles. Aucun mot ne fut lâché. Les voitures prirent la direction du domicile de Jacques Mercier.

Il habitait une coquette petite demeure située dans une rue perpendiculaire à la rue de la Ville Halluard, soit à cinq minutes en voiture de son travail ou de la gare. Il s'agissait d'une habitation traditionnelle des années soixante-dix avec un garage accolé à la maison. Le tout bien centré sur un jardin clos et arboré. Les policiers l'accompagnèrent devant la porte d'entrée qu'il ouvrit, puis tous s'engouffrèrent à l'intérieur tandis que des hommes en tenue se tenaient à l'extérieur. La perquisition commença aussitôt. La résidence présentait l'aspect classique d'un logement d'une personne vivant seule, de toute évidence, celle d'un homme, au vu de la décoration et du manque de fantaisie, pensa François en examinant les lieux.

Rapidement, ils découvrirent les mêmes canettes de bière, les mêmes packs de jus de fruit et les mêmes verres que ceux mis sous scellés chez Annie Dezruez. Son ordinateur et son répondeur téléphonique furent saisis. Mais rien d'autre, que ce soit dans la maison ou dans le garage, ne révéla une information intéressante en rapport avec les deux meurtres.

Le cortège prit ensuite la direction du bureau de Jacques Mercier. Mêmes trouvailles en matière de verres et de jus de fruit dans le petit réfrigérateur, mais rien de plus. Il était vrai que l'alcool étant interdit dans l'enceinte des Chantiers, ils ne pouvaient découvrir de bière.

Le téléphone portable fut mis sous scellés. Sa voiture fut également fouillée sans révéler le moindre indice…

Un des responsables de la DRH fit une brève apparition, plus déconcerté que jamais par cette affaire dont il ne voyait pas l'issue et qui devait le tracasser et, sans doute, perturber plus que jamais tout le personnel des Chantiers. Avec le carnet de commandes bien garni et l'ordre d'achat des deux paquebots, ce n'était pas le moment de se disperser ni de perdre du temps, s'ils voulaient respecter les délais. Et ça, les policiers le comprenaient parfaitement.

Les voitures regagnèrent l'Hôtel de police, rue du Général de Gaulle. Le procureur de la République était en discussion avec le patron. François se dirigea vers eux pour leur faire un rapide compte-rendu des perquisitions. Le patron demanda aussitôt de revoir Cuvier afin qu'il dise s'il se souvenait où et quand il avait pu boire ce fameux jus de fruit dans ce verre portant ses empreintes… Ce point restait une énigme troublante. François se proposa de s'y rendre immédiatement.

Les spécialistes d'odorologie disposaient déjà leur matériel et un attroupement d'une quinzaine de personnes encombrait tout le couloir du rez-de-chaussée ainsi que le hall de l'accueil. Il s'agissait des salariés absents la veille lors des tests et convoqués le matin même.

Tout le monde fut dirigé vers la salle utilisée pour les tests. Jacques Mercier fut conduit au bureau où le patron vint lui demander s'il avait une déclaration à faire. Il réagit violemment et se permit même de lui dire que, lorsqu'il serait libéré, quand ils auraient constaté leur méprise, il les poursuivrait pour leur comportement scandaleux. Il interviendrait en haut lieu, disait-il, et les différents officiers de police qui l'avaient interrogé s'en souviendraient pour le reste de leur carrière, voire de leur vie, lança-t-il, hors de lui, le regard mauvais.

Ceci ne toucha aucunement le patron habitué à ce genre de menace exprimée sous le coup de la colère et généralement sans fondement.

Un peu plus tard, le groupe avait pris place dans la salle et Jacques Mercier fut conduit et placé au milieu d'entre eux. Le nouveau chien fit son entrée et, en passant devant Mercier, n'hésita pas une seconde. La caméra filmait la scène comme l'exige la justice. Deux nouveaux tests furent effectués. Le résultat fut rigoureusement le même.

Pour les trois OPJ, le patron, le procureur et les policiers présents, il ne faisait plus aucun doute : Jacques Mercier était bien le suspect numéro un. L'odeur des morceaux de ouate des spécialistes avait été recueillie uniquement dans l'appartement et sur Annie Dezruez. Il ne pourrait plus nier bien longtemps ni laisser croire qu'il ignorait où habitait la victime.

En revenant dans le bureau du patron, le procureur exprima sa colère face aux OPJ :

— Écoutez, les chiens vous disent que c'est lui ! Maintenant, si vous n'êtes pas capables de le faire parler, je ne vois pas très bien ce que vous faites dans le poste que vous occupez !

Les propos suivants furent tout aussi fermes ; toute la responsabilité de cette affaire reposait sur eux et il attendait des résultats… « Dans la journée ! » avait-il rajouté, excédé, avant de les prier de reprendre l'interrogatoire. Ils avaient tous eu droit, à un moment ou à un autre, à des éclats de voix de leur patron, mais se faire remonter les bretelles par le procureur en direct, c'était pour chacun une première.

Dans le même temps, François se retrouvait une nouvelle fois aux Chantiers.

Cuvier venait d'être appelé et il l'attendait dans un de ces bungalows situés sur les quais mis à leur disposition. En le voyant, Cuvier eut, une nouvelle fois, un haut-le-corps et, avec un air de mépris, lui lança tout de go :

— Vous croyez que vous n'avez pas fait assez de dégâts comme ça avec vos conneries… Les faire ce n'est pas dur, mais les réparer ensuite, hein ? Là, il n'y a plus personne !

— Je comprends votre attitude… Mais sachez que nous sommes sur le point d'aboutir et nous avons besoin de vous…

— Elle est bonne celle-là ! Avec tout le mal que vous m'avez causé, vous ne croyez pas que vous m'avez assez fait chier comme ça ? Et maintenant, vous venez la bouche en cœur me dire que vous avez besoin de moi ?

— Oui, de vous. Vous souvenez-vous quand et où vous avez bu un jus de fruit tel celui-ci ? demanda François en présentant une canette prélevée dans le pack lors de la perquisition.

— Ce jus de fruit… ? Il examina longuement et attentivement le verre et la canette métallique…

— Oui, c'est très important, tentez de vous souvenir.

Il fit un réel effort pour se remémorer, durant de longues secondes, tête baissée, fixant le sol.

La mémoire contient des fractions de souvenirs qu'elle peut, sans que l'on sache pourquoi, faire rejaillir à tout instant. Il releva la tête pour regarder François.

— C'est simple, je ne vois qu'une seule fois. C'était avec Mercier, le vendredi soir 13 janvier quand je suis allé lui demander un service, vous savez… pour me rendre chez… Enfin, je devais voir mon amie…

— Oui, oui, ne revenons pas là-dessus. Et alors ?

— Il allait justement en prendre un et pour ne pas boire tout seul, il m'a proposé de trinquer avec lui… Je me souviens très bien le voir sortir deux canettes du petit réfrigérateur de son bureau situé juste derrière lui et prendre deux verres qui étaient posés à l'envers dessus. Je lui ai même dit que ce n'était pas la peine, mais il a insisté, et comme il acceptait de me rendre service, je ne pouvais pas le lui refuser. Je le vois encore essuyer le verre avec une petite serviette en papier, puis me le tendre ainsi que la canette de jus de fruit, toujours à l'aide de cette serviette en papier…

— Vous êtes certain de ce que vous avancez ?

François se souvint, au même moment, de voir ce réfrigérateur dans le bureau de Mercier avec la cafetière et les verres posés à l'envers dessus. Il l'avait déjà remarqué lors de leur première rencontre et, plus récemment, lors de la perquisition.

— Ça y est, vous n'allez pas encore me croire, ça ne va pas recommencer, non ? s'agaça Cuvier, sur la défensive, ne comprenant pas bien le sens de la démarche de l'officier de police.

— Non, non, pas du tout, au contraire, c'est très clair…

— Ah ? Vous trouvez, vous ? Moi pas !

— Si, vous verrez… Je peux donc annoncer de façon formelle ce que vous venez de me dire, vous ne reviendrez pas sur cette déclaration ?

— Évidemment, sauf, si vous m'inventez encore un truc impossible…

— Non, non… Je vous laisse, ne vous tracassez pas… Vous pouvez aller reprendre votre poste… Tout se précise, faites-moi confiance.

Cuvier regarda François s'en aller rapidement. Il restait dubitatif et les bras ballants, se demandant bien ce qui pouvait bien se tramer encore…

François, ravi, s'empressa de quitter les lieux. Son affaire venait de progresser de façon significative, lui apportant, du même coup, une réelle cause de satisfaction. Chaque élément du puzzle commençait à se positionner, il ne restait plus qu'à les mettre côte à côte et à solliciter Mercier afin qu'il apporte son aide, se dit-il. Sur le chemin du retour, le cœur de François fut en proie à un indicible chaos ; espoir, excitation, appréhension s'y mêlaient dans une confusion brûlante.

Il était impatient d'en découdre avec Mercier tandis que, dans le même temps, ses trois collègues regagnaient leur bureau. Ils y firent installer Jacques Mercier. Ils étaient, eux aussi, plus décidés que jamais à le faire parler…

Dès son arrivée, François demanda à ses collègues de mettre une stratégie au point.

Ils devaient bluffer au maximum car, de toute évidence à présent, c'était Mercier qui avait conduit la voiture de Michel Le Kerbraz à la résidence et c'est lui aussi qui était venu le vendredi suivant mettre le verre portant les empreintes de Cuvier chez Annie Dezruez ; restait à le lui faire avouer…

— Et alors, est-ce que c'est vraiment lui, cette fois ? demanda Valérie à François.

— On ne peut encore le certifier, répondit-il, laconique. Aucun élément, pris séparément, ne justifie qu'il soit impliqué. Mais l'imbrication des pièces du puzzle devient de plus en plus troublante.

Tout était en place pour reprendre l'interrogatoire. Valérie relut les précédentes dépositions, y compris celle de la veille, interrompue pour mutisme. Les trois hommes décidèrent de rester debout et de tourner en permanence autour de Mercier.

— Nous nous étions arrêtés hier au fait que vous ne saviez pas où habitait Annie Dezruez. Maintenez-vous cette déclaration ?

Silence absolu. Son visage trahissait cependant une angoisse non visible la veille.

— Si vous ne répondez pas, ce n'est pas grave, en l'état actuel de nos investigations, nous n'avons plus besoin de vos aveux pour vous mettre en examen. Les témoignages sont suffisamment accablants pour vous emmener aux assises. Par contre, votre refus de répondre aggravera sensiblement votre situation et votre condamnation.

— …

— Bien, c'est comme vous voulez. Vous avez certainement remarqué la glace sans tain dans la salle des tests ? Figurez-vous que deux résidants, voisins d'Annie Dezruez, vous ont reconnu et certifient vous avoir vu conduire la voiture de Michel Le Kerbraz, la garer à cheval sur le trottoir au pied de l'immeuble et, ensuite, vous rendre chez Annie, que vous aviez très bien connue dans le passé. Et aimée sans doute… au point ensuite de lui pourrir la vie depuis qu'elle vous avait éconduit, puis de l'assassiner ce jour-là… Alors, monsieur Mercier, qu'en dites-vous ? Maintenant que vous êtes arrêté, les langues se délient un peu partout, y compris aux Chantiers. Vous devez bien vous en douter. Vous n'êtes plus le chef… Tout finit par se dire et se savoir.

— …

Non seulement, il ne s'agitait plus, mais il bougeait à peine. Il évitait le regard des personnes qui tentaient de le questionner. Une seule fois, ils le virent lever les yeux vers l'OPJ qui l'interrogeait puis porter son attention sur son environnement avec une légère moue de dégoût, comme s'il déplorait ce pourquoi on le sollicitait de la sorte. Cependant, il semblait comme ravagé de l'intérieur, dévoré par une tourmente. Les OPJ savaient qu'ils devaient continuer à mettre la pression.

— Autre argument : le coup du verre avec les empreintes de Cuvier chez Annie Dezruez. Piège vicieux et regrettable pour Cuvier mais, un jour ou l'autre, la vérité apparaît au grand jour. Vous avez récupéré son verre sur lequel vous avez pris la précaution de ne pas laisser vos empreintes et êtes venu le porter le vendredi 13 au soir chez Annie Dezruez que vous aviez assassinée huit jours avant, ce n'est pas de la préméditation ça ? C'est pire, c'est du machiavélisme !

— …

— Nous avons tout reconstitué : vos faits et gestes depuis le vendredi soir, 6 janvier au vendredi 13, que ce soit à l'aide de vos voisins, de ceux d'Annie Dezruez, de vos collègues. Mercier, vous êtes fichu ! Vous pouvez encore limiter la casse en nous avouant ce que nous savons de toute façon et vous pourrez alors espérer sortir un jour de prison, sinon, si vous vous entêtez dans votre attitude, vous finirez votre vie en détention et je vais vous dire… dommage que la peine de mort n'existe plus, car pour un type comme vous…

— …

De minute en minute, les arguments psychologiques, maintes fois rodés, grignotaient l'émotion de Jacques Mercier. À tour de rôle, chacun des trois OPJ reprenait à sa façon le même argumentaire accablant et incriminant Mercier. Il était hors de question de s'arrêter pour aller déjeuner. Ils ne devaient plus le lâcher, mais le harceler, jusqu'à ce qu'il craque… Ça prendrait le temps qu'il faudrait. Ils recherchaient une issue raisonnable et humaine, prônant avec une rhétorique subtile parfois, agressive à d'autres moments, que son refus de parler le condamnait davantage encore. Démontrant aussi qu'il se comportait en égoïste, en individu malsain, de façon injuste et cruelle envers celle qu'il avait certainement aimée et qu'il aimait peut-être encore, mais aussi envers les siens. De façon insidieuse, la crainte et l'inquiétude s'installaient chez lui, cela se voyait… Il avait beau réfléchir, il butait contre l'angoisse qui se réveillait en lui. Il n'arrivait même plus à penser.

Les heures passaient. Rien n'avançait. Jusque-là, il avait fait front, se faisant peut-être à lui-même illusion. Mais, dans le courant de l'après-midi, dans un silence glacial, Valérie se leva de son poste pour la première fois, remplacée aussitôt par Phil, et surprit ses collègues par son attitude et sa détermination. Elle rapporta les faits avec une concision et une clarté sans emphase qui laissait l'impression qu'aucune autre preuve supplémentaire n'était nécessaire pour l'arrêter. Puis, avec beaucoup de délicatesse, elle développa des argumentations plus fortes encore, plus sensibles, plus culpabilisantes aussi mais qu'elle prononça avec une certaine douceur. Elle-même vacilla et s'interrompit un instant, saisie par un hoquet de larmes contenues et une voix qui se cassait sous l'émotion. Valérie ne jouait pas la comédie. On ne pouvait s'y tromper, le dégoût était bien réel et elle faisait face à cet homme en avançant impitoyablement vers l'heure de vérité.

Était-ce cette dernière attitude ou le fait que ce soit une femme qui le fit penser à Annie ? La revoyait-il ? Toujours est-il que Valérie l'emporta, car Jacques

Mercier s'écroula… Les trois OPJ, immobiles et sidérés, s'étaient figés dans un silence respectueux. Le moment où le suspect craquait était, pour eux, un des plus excitants d'une enquête.

Jacques Mercier se prit la tête entre les deux mains. Ses poussées d'irritation avaient laissé place à la résignation. Les coudes posés sur ses cuisses, il n'avait plus la force de résister, aussi, avec une passion soudaine, comme si les mots sortaient de sa bouche contre son gré, il se mit à bredouiller quelques bribes de phrases, en pleurs :

— Je ne voulais pas, je ne voulais pas en arriver là… Je ne sais pas ce qui m'a pris…

Les OPJ se toisèrent. Un bref dialogue muet s'établit entre eux. Valérie reprit calmement, proposant à Jacques Mercier qu'il leur explique le déroulement des faits depuis le début.

— Comment s'est déroulée cette soirée du vendredi 6 janvier ? Car vous ne nous avez pas dit ce que vous avez réellement fait…

Valérie l'avait une nouvelle fois sollicité sur le ton de la confidence et Mercier commença à parler :

— Dès vingt heures, Michel Le Kerbraz est venu me dire qu'il ne pouvait rester, car il devait préparer son voyage avec… s'interrompit-il, submergé par les sanglots.

— Et vous le détestiez car il partait avec votre ex-amie, c'est bien ça ?

— Oui… Il approuva de la tête. Depuis qu'Annie m'avait laissé tomber, j'avais toujours cru qu'elle reviendrait, un jour ou l'autre, vers moi. Je lui ai maintes fois demandé de revenir. Je l'ai même suppliée. Elle a toujours refusé. Et depuis qu'elle sortait avec lui, j'ai bien compris que cette fois c'était fini. Mais ce n'était pas juste, pas lui, un intérimaire de surcroît ! Qu'avait-il de mieux ou de plus que moi ?

Il précisa alors qu'il ne voulait plus parler d'elle parce que cela lui était trop douloureux. Le passé était le passé, tout ce qu'il y avait de plus concret et de plus définitif.

— Et c'est là que vous avez commencé à haïr cet homme.

— Oui. Je me suis dit qu'en le supprimant, ce serait ma dernière et seule chance de la récupérer.

Des larmes continuaient à perler à la commissure de ses paupières.

Il s'efforça de se contrôler et répondit, dès lors, lentement, comme s'il cherchait les mots qu'il devait employer.

— Alors, comment avez-vous fait pour l'attirer ?

— J'ai commencé par apprendre à le connaître et je lui ai proposé de l'intégrer dans mes équipes comme ingénieur afin de le mettre en confiance. Puis, j'ai attendu mon heure…

En le regardant et en l'écoutant, François se dit que Jacques Mercier, comme tous les gars qui vivaient seuls, deviendrait intarissable quand il commencerait à se livrer sur son ego exacerbé…

— Aussi, ce soir-là, quand il est venu me dire qu'il regrettait de ne pouvoir rester au pot, j'ai tout de suite pensé que c'était le moment. Je lui ai dit que les contrats se trouvaient chez moi, car je souhaitais, pour l'instant encore, la confidentialité sur cette embauche, que j'habitais à cinq minutes et que s'il voulait bien me déposer, je pouvais les lui confier afin qu'il puisse les étudier. J'attendrais son retour pour les entériner ainsi que pour arrêter définitivement les dates d'embauche en fonction de son propre contrat d'intérim.

— Et il ne s'est pas méfié ?

— Non. Il n'avait aucune raison. Je l'avais mis en confiance depuis quelque temps en lui racontant que je connaissais Quimper pour y être venu à plusieurs reprises en vacances chez mon oncle. Ceci avait créé un lien de sympathie et me donnait une raison supplémentaire de faire quelque chose pour lui. Je lui offrais un coup de pouce pour le faire entrer aux Chantiers, car je savais qu'il aspirait à y travailler définitivement, c'était véritablement son rêve… J'étais certain, par ailleurs, que Ninie, enfin Annie, n'avait pas dû lui parler de notre passé commun, ça se voyait à son naturel…

— Vous êtes parti avec votre voiture ?

— Non, il m'a emmené et déposé devant chez moi. À peine entré, je l'ai fait asseoir et lui ai proposé une bière qu'il a refusée dans un premier temps. J'ai insisté et il l'a acceptée. J'y ai glissé un très fort somnifère et je l'ai laissé se servir en posant devant lui un verre que je venais d'essuyer avec une serviette. Nous avons trinqué. Puis je suis allé chercher un contrat bidon que j'avais préparé depuis quelque temps. Je l'ai poussé à finir sa bière et je lui ai proposé ensuite un apéritif pour marquer l'événement. Il l'a refusé mais a tout de même fini sa bière en lisant son contrat. Il était très heureux à l'idée d'intégrer définitivement les effectifs des Chantiers. Quiconque, ayant ses qualifications, aimerait y travailler. Rapidement, il s'est assoupi. Je l'ai alors allongé sur le sol et je l'ai fixé sur le carrelage avec de larges bandes adhésives. Puis je lui ai fait boire des bouteilles d'eau minérale en lui obstruant le nez. Il s'est rapidement étouffé et noyé.

Jacques Mercier se mit à trembler et à sangloter en répétant plusieurs fois :

— Je lui en voulais à mort. J'aurais tellement voulu être à sa place auprès d'Annie… Mais que possédait-il de plus que moi, à ses yeux ? Pourquoi voulait-elle de lui et pas de moi ? Pourquoi ?

— Qu'avez-vous fait alors ?

— Rien, ou plutôt si… J'ai mis une bande adhésive sur sa bouche, en laissant son nez pincé. Je l'ai laissé ainsi, sans vie. J'ai pris mon VTT et ma lampe et je suis revenu à la soirée après avoir rangé mon VTT à l'arrière de ma voiture.

— Et comment comptiez-vous vous y prendre, après ?

— Je pensais sans cesse à ce que j'allais devoir faire. J'envisageai alors d'utiliser sa voiture pour le faire disparaître et… c'est là, en passant à pied devant la voiture du Polonais, que j'ai remarqué qu'il y avait les clefs sur le contact…

— Était-ce normal ?

— Oui, nous étions sur le parking privé de la salle des fêtes que nous avions réservée. Sans réfléchir davantage, j'ai décidé d'emprunter la voiture et je suis venu la ranger dans mon garage. Je suis allé vérifier que… l'autre ne bougeait pas…

— Vous avez vérifié qu'il était bien mort, c'est ça ?

Il approuva de la tête, sans répondre.

— Pourquoi avoir volé cette voiture ? C'était bien votre plan ?

— Non. Comme je viens de vous le dire, j'avais d'abord pensé utiliser celle de… l'autre. Mais l'occasion s'est présentée, alors, afin de mieux brouiller les pistes, je me suis dit que… mais, je ne savais pas encore comment j'allais me débrouiller, j'ai improvisé au fur à et mesure… J'en ai profité pour vider les poches de l'autre… Elles contenaient des papiers, un peu d'argent, un mouchoir et des clefs, j'ai aussi enlevé tous les signes particuliers : montre, bague…

— Qu'en avez-vous fait ?

— Après… après quelques jours de réflexion, j'ai tout jeté dans la poubelle à ordures ménagères. C'était une période curieuse, après tout ce que j'avais fait, il ne se passait rien… Je ne comprenais pas…

Il observa Valérie un long moment, en silence, comme s'il cherchait dans ses yeux des réponses à toutes les questions qu'elle lui posait.

— Ensuite ?

— Je suis revenu, à pied cette fois, et je me suis mêlé aux autres. C'était un buffet debout, mon absence n'a pas été remarquée…

— Quelle heure était-il à ce moment-là ?

— Vingt et une heures environ…

— Et après ?

— Un peu avant vingt-deux heures, les personnes ont commencé à partir et c'est là que le Polonais a constaté la disparition de sa voiture. Je me suis alors arrangé pour parler avec le maximum de personnes et valider ma présence. Plus tard, quand vous êtes venu me voir, j'ai compris que j'avais bien fait puisque vous recherchiez les personnes absentes avant vingt-deux heures. Puis je suis parti à mon tour en ramenant un collègue chez lui, afin qu'il me serve de témoin au besoin.

— Oui, Jean-Paul Brisson, comme vous nous l'avez dit. Qu'avez-vous fait ensuite ?

— Je suis rentré chez moi. J'ai transporté Le Kerbraz dans la voiture du Polonais. Personne ne pouvait me voir dans mon garage et je suis parti aussitôt à Quimper.

— Pourquoi à Quimper ?

— Je vous l'ai déjà dit. Lorsque j'étais gamin, j'allais en vacances chaque été chez mon oncle dans cette ville. Il est décédé depuis longtemps. J'allais pêcher le mulet avec mon cousin le long de l'Odet ou au Corniguel et, comme Le Kerbraz m'avait dit qu'il était de là-bas, je me suis dit que c'était le mieux pour éloigner les recherches… Ses paroles s'exaltaient. Soudain, tout semblait extraordinairement facile à Mercier. Les choses, les actes mêmes n'existaient pas.

— Vous, au moins, on peut dire que vous avez de la suite dans les idées… Combien de temps après étiez-vous sur place ?

— Un peu plus de deux heures. Je me suis rendu directement au port du Corniguel. J'ai téléphoné avec le portable de… l'autre à Ninie, je veux dire Annie, en tentant de parler doucement, chuchotant presque, pour dissimuler ma voix et lui faire croire que c'était Le Kerbraz. Je lui ai annoncé que je la quittais et que je ne voulais plus la revoir, que j'étais marié et qu'il ne fallait pas qu'elle cherche à me retrouver. J'ai bien senti le choc chez elle. Alors, je me suis dit qu'enfin, elle allait comprendre ce que je ressentais…

Il garda le silence un long moment, ses yeux se brouillèrent une nouvelle fois, tellement il vivait intensément ce moment. Puis, comme précédemment, il récupéra rapidement et poursuivit ses explications :

— J'ai mis la voiture en deuxième et j'en suis sorti quand elle a commencé à avancer… Elle a failli caler, mais elle a poursuivi tout droit :

— Comment avez-vous fait pour rentrer ?

— Je suis revenu à pied, par la route, jusqu'au centre-ville.

— Qu'aviez-vous fait du téléphone portable ?

— Sur le chemin du retour, en longeant l'Odet en ville, je l'ai ouvert, j'ai enlevé la carte SIM que j'ai balancée dans la rivière et j'ai écrasé avec mon talon l'appareil avant d'en jeter les morceaux dans l'eau…

— Et pourquoi avoir appelé d'une cabine téléphonique ensuite ?

— Parce que je voulais qu'elle me croie. Je possède toujours une carte téléphonique sur moi. Depuis le décès de ma grand-mère, je dispose d'un pied à terre à la campagne. Il se trouve que mon portable ne passe pas de là-bas, alors je téléphone d'une cabine en cas de besoin : je n'ai pas fait installer de téléphone fixe car je n'y vais que pour la chasse ou la pêche. Aussi, en remontant au centre-ville, je suis passé devant la poste où il y a plusieurs cabines téléphoniques, j'ai pensé à cet instant à appeler… Annie… pour lui confirmer que je ne voulais plus la voir et que je ne reviendrais plus à Saint-Nazaire. Comme cela, non seulement elle avait pu vérifier dans un premier temps qu'il s'agissait bien du portable de Le Kerbraz mais aussi, toujours à partir de son appareil téléphonique, que le deuxième appel venait bien de Quimper et je savais qu'elle le ferait car elle est maligne et intelligente. J'ai raccroché puis décroché le combiné pour le cas où elle rappellerait et où un passant décrocherait…

— Il était quelle heure ?

— Une heure du matin environ.

— Il ne devait pas y avoir grand monde sur le trottoir à cette heure-là !

— Non. Je n'ai rencontré personne à pied. Je suis revenu jusqu'à la gare pour relever les horaires des trains pour Nantes. Le premier était un TER Bretagne avec départ à six heures trente-cinq et arrivée à Nantes à dix heures avec changement à Redon. Je me suis installé dans un coin d'arrêt de bus, en face de la gare, pour attendre l'heure sans me faire remarquer. J'étais revenu chez moi vers onze heures trente. Le temps de faire un brin de toilette et je me suis rendu chez Annie avec ma voiture…

Il expliqua alors qu'il avait décidé d'aller vite, de profiter de la déception d'Annie, de son dépit, pour en savoir un peu plus et se persuader qu'il avait quand même tenté quelque chose pour l'attirer à nouveau vers lui. À cet instant, sa grande question concernant son avenir restait : avec ou sans Annie.

— Comment a-t-elle réagi à votre visite impromptue ?

— Elle était surprise de me voir. Je lui ai dit que je venais car j'avais appris que Le Kerbraz avait démissionné et qu'il ne reviendrait plus dans son poste. Elle était décomposée et m'a avoué qu'elle venait d'avoir le choc de sa vie. Elle s'est jetée spontanément dans mes bras pour pleurer et me faire part de sa mésaventure. Alors qu'ils devaient partir pour un voyage lointain, se marier, qu'elle attendait un enfant de lui… J'ai tenté de la consoler, puis elle s'est ressaisie. Je lui ai proposé de renouer avec moi, que je voulais bien me marier avec elle et même reconnaître l'enfant, si elle voulait… Elle s'est alors écartée et, d'un seul coup, je l'ai vue se mettre à réfléchir, puis à se demander ce que je faisais là. Elle cogitait très vite, visiblement, elle voulait tenter de comprendre ce qui s'était réellement produit. Elle s'est alors acharnée à me questionner et j'ai senti, à un moment, qu'elle avait réalisé que j'étais pour quelque chose dans ce qui venait de survenir. Je ne savais plus comment me comporter ni m'en sortir. La discussion s'est envenimée et puis elle s'est obstinée à m'agresser verbalement. Là, j'ai compris que j'avais eu tort de venir la voir et que tout allait se retourner contre moi.

— Où vous trouviez-vous à cet instant ?

— Nous étions assis au salon. Elle s'est alors levée et m'a dit qu'elle allait téléphoner à Quimper et remuer ciel et terre pour tenter d'avoir une explication sérieuse et claire… Alors… s'interrompit-il.

— Alors ?

— J'ai réalisé dans quelle situation je me trouvais. Je ne comprends toujours pas pourquoi, tout à coup, j'ai eu envie de l'étrangler… Une force intérieure… Je me suis mis devant elle et je me suis servi de mon poids pour la faire basculer sur l'accoudoir en bois du canapé, ses deux bras étaient coincés sous elle, sans doute dans un réflexe pour tenter de se préserver de la chute en arrière… Et, à l'aide d'un foulard, je l'ai étranglée… Elle n'a pas pu se débattre et, rapidement, elle s'est relâchée… Je suis resté ainsi, un certain temps sur elle, sans décrisper mon étreinte… Je ne voulais pas… C'est elle… Elle m'a provoqué…

— Pourtant vous l'aimiez ?

— Oui. J'aimais cette femme. À la folie.

— Et vous l'avez tuée…

Valérie réalisait que toute cette affaire était effectivement une histoire passionnelle qui avait mal tourné. Comme elle l'avait pensé, depuis le départ !

Elle était, plus que jamais, horrifiée par ce pénible récit mais semblait vouloir s'en pénétrer profondément.

Elle pensait aussi qu'il fallait beaucoup d'optimisme pour supposer qu'à partir de nous autres, humains, pourrait se développer un jour un être meilleur et supérieur…

Quant à Mercier, il savait que cette fois c'en était fini, il venait de se dépouiller de tout ce à quoi il avait cru jusqu'alors. Il se remit à pleurer à chaudes larmes. Puis ses sanglots se calmèrent et il regarda Valérie avec gravité. Son regard, si dur d'habitude, avait quelque chose de suppliant. Doucement, Valérie reprit le fil :

— Qu'avez-vous fait de ce foulard ?

— En rentrant, je m'en suis débarrassé en le mettant à la poubelle. Je ne voulais pas laisser le moindre indice permettant de remonter jusqu'à moi.

— Et ensuite ?

— Je suis rentré chez moi pour venir chercher la voiture de Le Kerbraz, car il fallait bien que je m'en débarrasse et c'est là, en chemin, que j'ai pensé à son verre de bière et à la canette portant ses empreintes, depuis la veille. Je suis retourné chez Annie pour les déposer. J'avais bien pris la précaution de mettre des gants en latex que je mets parfois pour bricoler, à la fois pour conduire la voiture de Le Kerbraz et pour rentrer chez elle et, quand je suis revenu dans son séjour, je ne pouvais pas supporter ses yeux grand ouverts, j'ai mis un coussin sur sa tête et je suis rentré chez moi, à pied cette fois… Les jours suivants, je ne vivais plus, je ne pouvais plus dormir, je me voyais sans cesse être arrêté… Et, pourtant, il ne se passait rien…

— Vous n'étiez pas tranquille ?

— Non. Jusqu'au vendredi suivant. C'était un vendredi 13, Cuvier est venu me voir. Il voulait que je lui serve d'alibi au cas où sa femme me poserait des questions, car il allait rentrer très tard.

— Cela vous arrive souvent ?

— De temps en temps, pour les uns ou les autres… Comme je vis seul, nous nous mettons d'accord sur le programme de la soirée et, le lendemain matin, ils viennent me confirmer l'heure, au cas où…

— Et là ?

— J'ai tout de suite repensé au verre à bière et aux empreintes de Le Kerbraz et je me suis dit que je pouvais refaire la même chose avec Cuvier. J'ai donc pris des précautions pour lui servir un jus de fruit. J'étais tracassé car je me suis toujours douté qu'à un moment ou à un autre, la police viendrait fouiller aux Chantiers. Cette fois, j'étais sauvé. Entre la voiture du Polonais, les empreintes de Le Kerbraz et celles de Cuvier, plus rien ne pouvait me toucher… Le soir même, je suis repassé chez Annie pour les déposer…

— Juste après vingt heures, c'est bien ça ? demanda Valérie qui repensait à la déclaration de la voisine de palier d'Annie Dezruez.

— Hum, hum…

— Du coup, vous étiez tranquille : plus personne ne pouvait vous suspecter… Et qu'avez-vous fait des clefs de l'appartement et de la voiture ?

— Je les ai jetées dans ma poubelle également avec les ordures ménagères, le jour du ramassage…

— Facile ! Plus de trace ! Et un suspect tout trouvé et des zones d'ombre…

— …

Valérie termina son interrogatoire en repoussant toutes les pensées tristes qui lui venaient et regagna sa place comme si elle venait de mettre un terme à un bavardage inepte. Elle considéra intérieurement que tout ceci était l'histoire d'une passion qui s'était sentie bafouée.

Phil se leva pour rendre sa place à Valérie. Il était profondément choqué, car pas une once de remords n'était perceptible dans le regard de Mercier qui venait de tout débiter comme une histoire qu'il connaissait mais qui ne le concernait pas…

Sa voix n'était altérée ni par le remords, ni par la colère, seulement empreinte de résignation et de lassitude, soit qu'il eût déjà oublié la violence de ses actes, soit que rien ne fût plus en mesure de l'atteindre après l'épreuve qu'il avait traversée… Il était possible de deviner les raisons profondes, la rancœur qu'il devait porter puis l'enchaînement et l'escalade vers l'issue fatale. Tout ceci rendait désormais dérisoire ce qu'il vivait mais surtout ce qu'il allait vivre.

Valérie relut le procès-verbal, rectifiant de temps à autre un détail, puis l'édita et le lui fit signer.

Il l'accepta sans broncher, comme une délivrance.

Il respirait bruyamment, la tête enfoncée dans les épaules. Il sentit soudain une fatigue immense s'abattre sur lui et une vague d'anxiété le submerger. Les quelques dernières minutes écoulées lui avaient fait faire un tour sur lui-même : en un instant, il avait réfléchi à la vie et à la mort plus clairement qu'il n'avait dû le faire jusque-là et depuis le début de toute cette affaire.

Submergé d'angoisse et de détresse, il restait lucide au fond de sa désolation. Il venait de vivre ces deux derniers jours dans une atmosphère contradictoire : un mélange d'espoir et de désespoir, d'impatience et de nonchalance, d'épuisement et d'excitation et tout ceci appartenait désormais au rêve perdu. Il ressentait un sentiment accablant de culpabilité. Il tenait la tête baissée, se mordait les lèvres et luttait pour ne plus pleurer.

Ce fut un curieux moment. Il y eut un long silence. Mais François, Phil et Stéphane restèrent calmes à l'issue de cet interrogatoire, soulagés que ce soit terminé. Les révélations de Mercier les avaient conduits directement là où leur imagination avait refusé de s'aventurer précédemment. Ainsi peut-on tromper la vie longtemps, mais elle finit toujours par faire de nous ce pour quoi nous sommes faits…

Valérie avait eu raison depuis le départ… Cette enquête reflétait banalement l'éternelle folie de la pulsion sauvage d'un être.

Jalousie. Désir. Amour. Souffrance. L'éternelle dualité de la vie et de la mort, du bien et du mal, du noir et du blanc… Triste, certes, mais banal en effet…

Les choses allèrent très vite ensuite. Le temps de rendre compte au patron qui appela aussitôt le procureur. Celui-ci déclara la mise en examen. Les menottes furent passées aussitôt à Jacques Mercier qui ne réagissait plus, insensible à ce qui l'entourait. Il fut conduit en cellule sous le régime de la procédure d'incarcération…

Au fond de sa geôle et de lui-même, à présent, Jacques Mercier était torturé par tout ce qu'il venait de vivre. Il revoyait Annie Dezruez les jours précédant cette terrible issue. Il se souvenait qu'elle ne se privait plus d'afficher son bonheur. Jamais il ne l'avait vue si belle, si radieuse, si épanouie, terriblement attirante…

Il ne pouvait pas comprendre. Et de la savoir avec un autre homme et, qui plus est, le chef des intérimaires, ça il ne pouvait l'accepter, lui, un des chefs les plus en vue aux Chantiers ! Il devenait de plus en plus malheureux. Son absence définitive était trop criante quand il rentrait chez lui, lui qui s'était cramponné à ses idées pendant de si longues années. Il vivait seul et sa meilleure compagne était la bière qui l'arrachait de sa morosité.

Puis, il était venu la voir, ce jour fatidique. Elle était dorénavant libre, pourtant… Il ne comprenait pas, ne comprenait plus tout ce qui s'était passé ensuite, cet enchaînement infernal. Pourquoi avait-il fait tout ça ? Mais pourquoi et comment en était-il arrivé là ?

Après ces nuits d'insomnie, il se sentait courbatu, mais il n'avait toujours pas envie de dormir. Les violences se télescopaient dans son esprit…

ÉPILOGUE

Les jours suivants, la presse s'empara de l'affaire. La ville se retrouva une nouvelle fois en état de choc. Mais les OPJ parièrent que, dans quelques jours, plus personne n'évoquerait ces tristes assassinats, selon la loi du silence médiatique, d'autres événements viendraient prendre place sur le devant de la scène…

Ils se rendirent une nouvelle fois aux Chantiers pour rencontrer le représentant de la DRH et lui apporter les conclusions actuelles de l'enquête afin qu'il puisse communiquer au personnel une information précise et faire cesser toute rumeur éventuelle ou déformation de la réalité.

Ce dernier reconnut qu'il n'en revenait toujours pas :

— Jacques Mercier s'est toujours montré d'une grande disponibilité, depuis qu'il travaille aux Chantiers. Il n'y a jamais eu le moindre problème. Avec lui, tout se passait dans les meilleures conditions sur le plan professionnel. Pour beaucoup, il faisait même figure d'élément de stabilité, son calme, sa rigueur et ses compétences étaient unanimement appréciés... Je lui accordais une confiance totale, dit-il tristement.

— Nous n'en doutons pas et sommes certains que, professionnellement, vous pouviez compter sur lui...

— Je suis surpris, au plus haut point, comme tous ceux qui l'ont fréquenté quotidiennement depuis des années, de cette violence et de cette détermination. Il occupait un poste difficile, exigeant, qu'il tenait avec brio, compétence, intelligence, modestie et sang-froid...

– Intelligence et sang-froid, voilà aussi ce qu'il a su utiliser à d'autres fins que son travail... J'y ajouterai même un certain machiavélisme.

Les OPJ regagnèrent leur bureau, ne retenant de Jacques Mercier que la sauvagerie avec laquelle il avait supprimé deux êtres humains à qui la vie ne promettait que du bonheur et, à leurs yeux, aucune circonstance atténuante ne pouvait venir expliquer ni permettre de comprendre ce qu'il avait commis...

Ces deux meurtres venaient obscurcir, une fois encore, leur vision de la nature humaine, leur donner une impression de gâchis et leur transmettre une immense tristesse.

Ils ne pouvaient, à la fois, défendre les victimes et les meurtriers, se dirent-ils calmement.

Il fallait choisir, contrairement à tous ces généraux “bidons” de toutes les guerres qui continuent à plastronner dans l'histoire et qui ne sont au quotidien que d'effroyables ganaches. Pour eux, dans l'exercice de leur métier, la ligne de conduite était simple : découvrir la vérité et confier le dossier à la justice. C'était justement ce qu'ils venaient de faire.

Quand les travaux sur cette enquête arrivèrent à leur terme, ils se sentirent heureux du travail accompli ensemble, heureux aussi de s'être découverts et d'avoir formé une équipe formidable et, au-delà du résultat obtenu, ils en ressentaient un réel plaisir. Avant de se séparer, Valérie voulut absolument arrêter un week-end de retrouvailles… en Brière, pour l'été suivant, tandis que Phil et François souhaitaient en arrêter un autre… mais, en Cornouaille…

En quittant l'Hôtel de police, ils firent un crochet par le boulevard Albert Ier et le boulevard Wilson afin de longer une dernière fois ce bord de mer qu'ils affectionnaient particulièrement. L'océan était gris, des vagues charriaient sur la plage des amas d'algues dans lesquels d'innombrables oiseaux recherchaient leur pitance.

Après les journées froides et sèches des dernières semaines, un temps doux avait pris place.

Quand ils quittèrent Saint-Nazaire en direction de Nantes, l'air, alourdi par l'humidité, portait les émanations des raffineries. Des lueurs jaunâtres et des fumées molles et noires montaient dans le ciel au-dessus des installations.

Ils passèrent devant un grand panneau, planté sur

le bord de la route, recommandant aux automobilistes de ralentir et indiquant le nombre de victimes de la route.

Comme d'habitude, Phil conduisait et son esprit était déjà rendu dans le Sud-Finistère, auprès des siens.

À côté, François le regardait en pensant : « Pourvu qu'il ne change jamais, qu'il reste simple, solide, franc avec, toujours, cette pointe de subtilité. »

Il le considérait comme un être précieux, un de ces rares individus à l'intelligence intacte face aux lourds ravages de leur métier, comprenant vite, ne s'embarrassant jamais de diktats moraux ou culturels, s'adaptant aux situations les plus contrastées, maniant l'ironie et la malice à plaisir. François se sentait vraiment heureux d'avoir un OPJ de cette trempe à ses côtés.

Ils n'échangèrent aucun mot avant de rejoindre la voie express, chacun divaguant à sa manière dans les méandres de ses pensées. Ils ne se remirent à parler qu'à hauteur de Vannes et, à propos d'une discussion sur le courage, Phil eut le dernier mot, considérant que « le courage appartient à ceux qui agissent pour le bien ou pour le mieux et au moment où il faut agir, sans aucun calcul des conséquences qu'ils encourent. »

C'était presque leur devise…

L'affaire de Brest était désormais, loin, très loin de

leurs préoccupations. Celle de Saint-Nazaire leur permettait de tout effacer et de croire plus que jamais en l'importance de leur métier et de leur rôle.

La voiture approchait de Quimper, la radio diffusait de la musique classique. Année Mozart oblige...

FIN

Quadri Signe - Editions Alain Bargain
125, Vieille Route de Rosporden - 29000 Quimper
E-mail : editions.alain.bargain@wanadoo.fr
Site Internet : perso.wanadoo.fr/editions.bargain

Dépôt légal n°14 - 2e trimestre 2006
3e tirage - Dépôt légal n° 15 - 4e trimestre 2006
ISBN 2-914532-80-6 — ISSN 1281-7813
N° d'impression : 611192
Imprimé en France